이제는 성품입니다

이제는 성품입니다

이제는 성품입니다

이 영 숙

도서출판
아름다운열매

이제는 성품입니다

지은이 이영숙
초판 발행 2007년 09월
개정판 1쇄 발행 2016년 04월
펴낸곳 (도)좋은나무성품학교
등록번호 제25100-2012-000057호
등록일자 2005년 7월 27일
주소 서울특별시 송파구 백제고분로 187
전화 1577-3828 **팩스** 02-558-8472
전자우편 goodtree@goodtree.or.kr
홈페이지 www.goodtree.or.kr

ⓒ이영숙, 2011
페이스북/characterlee

ISBN 978-89-6403-670-9 (13590)

머리말

우리는 살아가면서 많은 꿈들을 갖고 살아갑니다. 그중에 하나, 좋은 성품을 갖고 싶은 소망은 누구에게나 있습니다.

내가, 나의 자녀가 그리고 내 주변의 사람들이 모두 성품의 리더가 되었으면 좋겠다고 소망하면서 살아갑니다.

하지만 요즘 뉴스를 접하면 답답한 마음이 먼저 듭니다.

친구를 단체로 폭행하는 아이들, 담임선생님을 구타하는 아이들, 어머니를 때리는 아이들……. 대체 우리의 아이들이 충동을 조절하지 못하고, 자신을 절제하지 못하는 지경에까지 이르게 된 것은 무엇 때문일까요?

'폭력을 동반한 반항과 품행 장애'를 주 증상으로 하는 '소아·청소년기 행동 및 정서 장애' 사례가 2000년에는 전체 3,382명 중 1,324명으로 39%였던 것이 2003년에는 5,755명 중 2,367명, 41%로 늘었고, 2006년에는 10월까지 5,504명 중 3,166명이 이에 해당한다고 합니다. 무려 57%에 이르는 비율도 놀랍지만, 숫자도 6년 전의 2배가 넘습니다.

문득 우리의 교육이 인성교육은 무시한 채 너무 입시교육과 눈에 보이는 성과 위주의 교육으로 달려온 것은 아닌지 되돌아보게 되는 현실입니다.

성품교육은 빨리 드러나지는 않지만 아주 서서히 우리 아이들의 인생을 성공과 실패로 갈라놓습니다. 성공하지 못하는 사람들의 대부분이 성품의 뒷받침이 없기 때문입니다.

이제는 성품으로 교육해야 할 때입니다.

'좋은나무 성품학교'에서는 모든 교육에 '성품'이라는 새로운 패러다임을 제시하고, 지적·감정적·의지적·사회적·신체적으로 조화로운 발달을 도모하는 전인교육을 지향합니다.

이러한 소망을 담아 새로운 책으로 구체적인 성품교육 실천 지침서를 새롭게 펴낼 수 있게 된 것을 기쁘게 생각합니다.

이러한 노력이 더욱 우리를 행복한 성품의 리더, 행복한 성품의 가정, 행복한 성품의 나라로 확장해 나갈 수 있도록 힘을 주게 될 것이기 때문입니다.

많은 참여를 감사하면서 성품으로 세워질 미래를 꿈꾸며……

좋은나무 성품학교 대표
이 영 숙 교육학박사

차 례

PART 01

이론편

성품이란 무엇일까?

● ● ● 성품의 중요성

성품의 중요성에 대하여 독일의 종교 개혁가 마틴 루터는 "한 나라의 국력은 군사력·재력·정치력이 아니라 훌륭한 성품을 가진 국민이 얼마나 많이 있느냐에 달려 있다. 즉, 한 나라의 진정한 강점과 영향력은 성품이 고매한 국민의 수에 좌우된다."라고 말하고 있습니다. 『성품은 말보다 더 크게 말한다』의 저자 스탠리는 또한 "성품이 미치는 범위는 당신의 재능·교육·배경·인맥보다 더욱 넓다. 재능·인맥 등으로

문이 열릴 수는 있으나 일단 그 문에 들어선 후 어떻게 될지는 성품으로 결정된다."라고 지적합니다. 성품교육의 고전이라고 할 수 있는 새무얼 스마일즈가 1871년에 출간한 그의 책 『인격론』에서는 인격이란 이 세상을 이끄는 가장 중요한 동력이라고 말했습니다. 그렇습니다. 성품은 한 개인의 삶을 궁극적으로 평가하는 결정적인 요소이며, 더 나아가 한 국가의 흥망성쇠를 좌우하는 원동력이 되기도 하며, 성공하는 미래를 향해 달려가는 강력하게 세상을 움직이는 힘인 것입니다.

곰곰이 생각해 보면 "성품이 바로 당신입니다."라고 말할 수 있을 정도로 성품은 우리 삶의 모든 면을 말해 줍니다. 우리가 평생 얼마나 많이 보람 있는 일을 하면서 살아가느냐 하는 것도 성품에 달려 있고, 아울러 우리 주변의 모든 인간관계 또한 바로 나의 성품에 의해 결정되기도 합니다. 뛰어난 지도자로 추앙받았던 인물도 자기 성품의 결정적인 결함으로 인해 다시 신망을 잃어버리기도 합니다. 또한 성품은 우리 삶의 열매로 나타납니다. 성경은 "좋은 나무마다 아름다운 열매를 맺는다."(마태복음 7장 17절)라고 말씀하고 있습니다. 좋은 열매를 보고 좋은 나무를 가늠할 수 있는 것처럼, 한 개인이 이루어 놓은 삶의 결실들을 보고 그 사람이 어떠한지도 알 수 있는 것이지요.

　그런데 그 성품은 평상시에도 중요하지만 특히 삶의 위기 때에 더욱 잘 드러납니다. 마치 폭풍이 불면 어떤 나무는 더 견고한 생명력으로 자신의 터전을 지키고, 어떤 나무는 뿌리째 뽑혀 나가는 것과 같습니다. 인생에서 위기의 시간이 도래할 때 종종 한 개인이 가지고 있는 성품이 적나라하게 드러나면서 그 모습에 사람들은 감격하기도 하고 또한 실망하기도 합니다.

　우리가 살고 있는 이 시대는 진정한 성품이 제대로 갖추어진 '성품 지도자'를 갈망하고 있습니다. 미국 경영자협회의 후원으로 제임스 카우지스와 베리 포스너가 전국의 경영자 약 1,500명을 대상으로 "당신의 지도자에게서 보고 싶은 모습은 무엇입니까?"라는 질문을 던졌을 때, 놀랍게도 가장 많았던 반응은 '덕, 진실성, 좋은 성품……' 등 성품에 관련된 항목이었습니다. 그렇습니다. 오늘 우리 주변에서 사람들은 성품이 뒷받침되는 지도자를 원하고 있습니다. 훌륭한 성품을 소유한 '성품 지도자'들이 기업을 경영할 때 그 기업은 사회를 풍성하게 하고 세상에 더 좋은 영향력을 끼칠 수 있기 때문입니다.

　그런데 문제는 이 성품이 많은 이들이 생각하는 것처럼 단지 타고난 것도 아니며, 또한 저절로 자라는 것도 아니라는 것입니다. 좋은 성품은 좋은 가르침과 꾸준한 훈련으로 성장하게 되는 특징을 가지고 있습니다. 미국의 노스캐롤라이나 대학에서 2000년에서 2004년까지 실시한 4년 동안의 연구 결과가 우리에게 그것을 증명해 주고 있습니다. 어린이들에게 체계적이고 올바른 성품교육 프로그램을 준비하여 그것을 실시하였더니 90%의 어린이들이 그들의 생활 태도가 획기적으로 개선되고, 또한 61%의 어린이가 학습능력이 좋아졌다고 보고되었습니다. 이외에도 성품교육과 관련된 많은 연구들이 합당한 성품교육을 통해 한 개인이 갖추어야 할 성품의 덕목들이 신장될 때 자아인식, 자존감이 높아졌으며 그 결과 학문적 성취도는 물론, 예술과 지식 등 삶의 다양한 장르에서 많은 변화와 발전을 가져왔다고 말하고 있습니다.

성경은 "마땅히 행할 길을 아이에게 가르치라. 그리하면 늙어서도 그것을 떠나지 아니하리라."(잠언 22장 6절)라고 말씀합니다. 아직 성품이 완전히 결정되기 이전, 어린이들에게 어려서부터 '마땅히 갖추어야 할 좋은 성품'들을 가르쳐 그것을 몸에 익히게 하고, 아울러 훈련된 성품으로 평생을 살아갈 수 있도록 격려해야 합니다. 그렇게 한다면 이를 훈련하는 교육은 심대한 영향력으로, 한 개인의 삶과 장차 그들이 영향력을 끼칠 사회를 틀림없이 성공으로 이끌어 줄 것입니다. 부모들은 자신의 어린 자녀들이 가지고 있는 사고, 감정, 행동을 통하여 구체적이고 좋은 성품을 익힐 수 있도록 가르쳐야 합니다. 그러기 위해서는 배움의 내용들이 단지 교훈적인 것에서 한 걸음 더 나아가 더욱 재미있고 흥미로울 수 있도록 구체적인 프로그램으로 전개되어야 할 것입니다.

이 시대를 가리켜 '정보의 시대'라고 합니다. 많은 양의 지식과 정보가 우리 주변에서 출렁이며 홍수처럼 넘치고 있습니다. 각종 정보매체는 우리의 주변 가까이 파고들고 있습니다. 사람들은 이제 주변에서 필요한 지식을 얻기 위하여 전통적인 교육기관을 의존하지 않아도 가능한 시대를 살고 있습니다. 주변에 이러 저러한 모습의 '지식'과 '정보'들이 넘쳐납니다.

그러나 한편으론 이렇듯 넘쳐나는 지식이 우리가 당면하고 있는 시대적인 많은 문제들을 적절하게 해결해 주지는 못하고 있다는 인상을 지울 수 없습니다. 지식이 많아서 머리만 커진 인간들의 모습에서, 우리는 반드시 그 지식이 삶을 풍요롭게 하고, 주위를 따뜻하게 만드는 일에 이용될 것이라는 확신을 가질 수 없습니다. 끝없이 배우려고 하는 지식에 대한 욕구가 더는 행복한 삶을 추구하는 진정한 해답이 되지 못하고 있다는 사실은 지난 세월 우리 주변의 종교들을 관찰해 보아도 쉽게 알 수 있습니다.

한국의 기독교는 그 어느 나라보다 더 빠른 시간에 급속한 양적 성장을 이루며, 이 땅에 정착한 '기적'을 연출하였습니다. 그런데 오늘날 그 많은 교회와 대부분의 신앙인들이 자신들이 처한 가정과 사회에서는 그 숫자에 부합하는 지도력을 발휘하지 못하는 느낌을 주고 있습니다. 이것은 단지 기독교적 믿음 생활뿐만 아니라 우리 주변의 다른 종교에서의 경험도 대동소이하다고 생각됩니다. 그렇습니다. 우리 주변에서 신앙생활을 통해 얻게 되는 종교적 지식은 단지 머리로 아는 데 그치고 있습니다. 참 진리가 존재하는데 그 의의를 찾을 뿐 마땅히 삶에서 구체적으로 실천하지 못하고 있습니다. 이제 우리는 한 개인이 습득한 진리와 깨달음에 대하여 단지 지적 수준의 경험으로 만족할 것이 아니라, 그것을 구체적으로 실천하여 종국에 그것이 한 인격 속에 스며들어 삶에서 좋은 습관으로 나타나도록 해야 할 때입니다. 말로만 가르치는 시대는 끝나야 합니다. 지식으로만 남겨지는 교육은 이제 멈추어야 합니다. 그렇습니다. 이제는 성품입니다. 이제 이 시대는 '성품의 지도자'를 요청하고 있습니다. 그렇다면 어떻게 우리는 '말'과 '행동'이 일치하는, '아는 것'과 '실천'이 일치하는 성품 지도자를 키워 낼 수 있을까요? 바람직한 성품은 어떤 원리로 형성되는 것일까요?

● ● ● 성품교육의 원리

성품은 인간의 생각(Thinking), 감정(Feeling), 행동(Acting)의 요인을 통하여 형성됩니다. 이 세 가지의 영역이 일률적이고 획일적으로 혹은 따로따로 분리되어 발달되는 것이 아닙니다. 이 영역들은 다양한 경험 안에서 서로 연관되어지고 상호작용을 함으로써 성장해 가는 과정을 겪게 됩니다.

성품의 발달을 위해서는 첫째, 어린이의 인지적 측면에 영향을 주어야 합니다. 그러기 위해서는 가르치려는 주제성품의 개념을 세워주는 것이 중요합니다. 가르치고자 하는 성품의 정의를 정확하게 표현하는 작업은 효과적인 가르침을 위해서나 또한 후에 어린이에게 그 성품이 얼마나 효과적으로 습득되어졌는지를 평가할 수 있는 기준이 됩니다. 예를 들면 어린이에게 '(타인을) 배려하는 성품'을 가르치고자 한다면 배려의 정의 즉 '배려란 나와 상대방, 그리고 환경에 대하여 사랑과 관심을 갖고 잘 관찰하여 보살펴 주는 것'이라고 정확하게 알려주는 것이 필요합니다. 인간의 행동을 변화시키기 위해서는 먼저 새로운 지식에 대한 개념을 정확하게 넣어주는 것이 가장 효과적이기 때문입니다.

이때, 부모나 교사는 어린이에게 단어로만 그 의미를 익히도록 하는 것보다 생활의 주변에서 쉽게 얻어지는 경험을 통하여 그것을 이해하도록 유도할 필요가 있습니다. 그리고 또한 이 성품을 어떻게 구체적인 행동으로 표현할 수 있는지 함께 생각해 보아야 합니다. 성품은 어린이가 그 내용에 대하여 이해하면서 더욱 잘 계발되기 때문에 더 좋은 생각을 해 보도록 유도하는 것이 중요합니다. "네가 한 이 행동 말고 더 좋은 방법은 없었니?", "이것 말고 또 다른 방법은 없을까?" 라는 등의 질문으로 어린이에게 더 이성적이고 논리적인 생각을 해 볼 수 있도록 기회를 줍니다. 또한 다른 사람의 입장에 서서 행동해 보도록 도덕적 인식을 일깨워 주는 훈련이 필요합니다. 우리들은 자신의 행동이 다른 사람에게 미치는 영향을 알게 되면 더 좋은 행동을 하려고 노력하게 됩니다. 그러므로 어린이에게 다른 사람의 관점에 서서 바라보고 다른 사람의 감정을 이해할 수 있는 공감의 능력을 일찍부터 발달시킬 수 있도록 가르칩니다.

　성품을 발달시키기 위한 두 번째 방안은 어린이의 감정적인 측면에 영향을 주는 것입니다. 사람의 감정은 어떤 일을 결정하는데 있어서 가장 강력한 동기유발의 원천이 됩니다. 성품을 교육시키는 데도 감정 분야의 계발이 좋은 성품으로 나아가는데 결정적인 동기유발이 되는 것을 알 수 있습니다. 동시에 가르치려는 주제성품에 대한 좋은 감정적인 경험은 어린이가 이 성품을 습득하고 훈련받고자 하는 열망으로 가득 차게 합니다. 그런 이유에서 가르치는 부모와 교사는 억지로 강압적인 방법으로 성품교육을 시키는 것이 아니라 자율적인 방법 즉, 격려와 칭찬으로 성품을 교육시켜야 합니다. 성품을 배우면서 그에 따르는 감정적인 경험이 긍정적이고 좋은 느낌으로 다가온 어린이는 그 성품을 자신의 몸에 배게 하여 습관으로 간직하려는 열망이 일게 될 것입니다. 성품의 감정적인 측면을 교육하기 위한 보다 구체적인 방법으로는 먼저 감정을 잘 조절하기, 양심 혹은 도덕성을 증진하기, 인간성을 발달시키기, 어린이들에게 영감을 불러일으키기, 위인을 모방하고 싶은 동기를 유발시키기, 사회성의 능력을 발달시키고 자연스럽게 강화시킴으로써 자존감을 세워주기 등이 있습니다.

　성품 발달의 세 번째 방안은 행동적인 측면에 영향을 주는 것입니다. 어린이에게 좋은 성품으로 합당한 행동을 할 수 있도록 기회를 제공하고, 이것을 행동적 기술로 발달 시켜서 종국에는 그것이 좋은 습관으로 발현될 수 있도록 영향을 주어야 합니다. 우리가 기억해야 할 것은 좋은 생각이 좋은 행동을 하게하고 좋은 행동이 반복되면 좋은 습관이 되며 좋은 습관은 곧 좋은 성품이 된다는 것입니다. 그리고 그 습관이 바로 그 사람의 운명이 된다는 사실입니다.

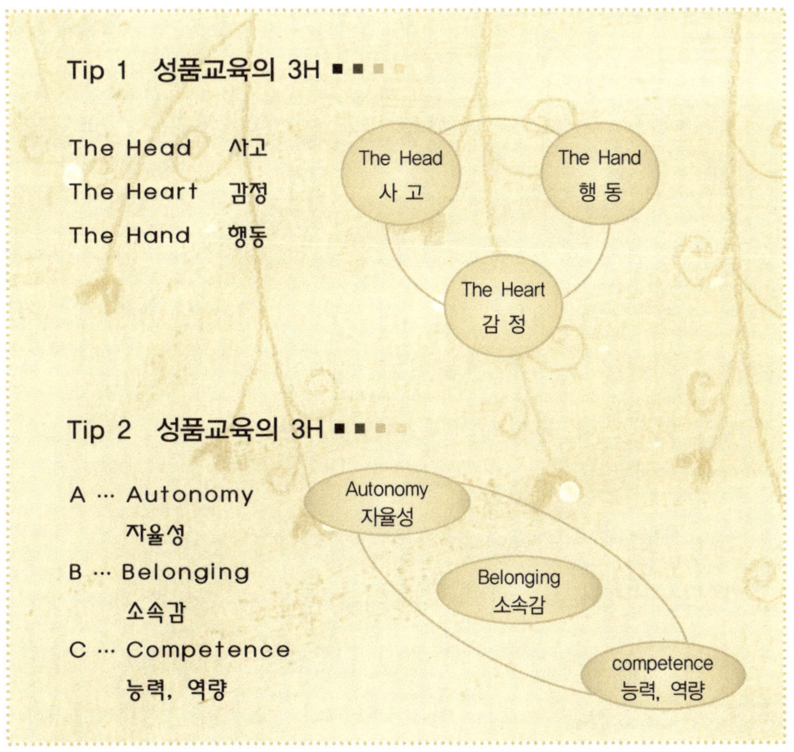

성품교육은 혼자서는 절대로 이룰 수 없고 서로 다른 사람과 상호작용하는 관계 속에서 발달됩니다. 가정과 학교 혹은 교회나 사회 속에 있는 공동체 속에서 소속감을 경험하면서 발달되어 갑니다. 또한 성품은 강압적인 방법이 아닌 자율적인 분위기 속에서 형성되어집니다. 가정과 학교에서는 모든 일들을 성품교육의 기회로 활용하는 광범위한 접근들로 발전시켜야 합니다. 능력과 역량을 갖춘 성품리더로 양성하는 것이 성품교육의 목표임을 늘 기억해야 합니다.

● ● ● 성품교육을 가로막는 장애물들

모든 어린이들에게는 본능적으로 좋은 성품의 씨앗이 이미 그들의 내면에 자리 잡고 있다고 생각됩니다. 그러나 그들이 좋은 성품의 소유자로 나타나지 못하는 이유는 좋은 성품의 씨앗 그대로를 키우지 못하였기 때문입니다. 그 원인은 여러 가지가 있겠으나 본질적인 문제를 살펴보면 다음과 같습니다.

첫째, 가르치는 사람이 없기 때문입니다.

한국의 전통사회에서는 가족이란 형태가 단단하게 구성되어 있어 가정이라는 공동체 속에서 성품을 구체적으로 배우고 익힐 수 있었습니다. 할아버지, 할머니, 삼촌, 고모 등 대가족

속에서 많은 구성원들과 다양한 관계를 맺으며 어떻게 행동해야 모두가 편안한지를, 또한 어떤 행동을 해야 더불어 행복하게 되는지를 생각하며 배울 수 있었습니다. 한 사람의 행동이 다른 사람에게 영향을 미치는 삶을 통하여 좋은 행동은 다른 사람들에게 본보기가 되는 그 속에서 어린이는 마땅히 자라야 하는 성품을 자연스럽게 배울 수 있었습니다.

그러나 현대는 가족의 구성원이 엄마, 아빠, 자녀들로 그 형태가 점점 핵가족화 되면서 부모들은 직장의 일로 바쁘고, 자녀들은 이곳저곳에서 타인의 손에 양육되어지고 집에 돌아와서도 텔레비전이나 컴퓨터로 많은 시간을 보내고 있습니다. 마땅히 어떤 것들을 가르쳐야 할지 모르는 젊은 부모들이 우왕좌왕할 때 우리 자녀들은 어떻게 생각하고 어떻게 행동하는 것이 좋은 선택인지 모르는 채 훌쩍 커버리고 맙니다. 로버트 콜스는 『아동의 도덕지능』이라는 책에서 아이들을 위해서 성품을 계발하는 일은 올바른 삶을 살아가게 하는 지름길이라고 말하며, 특별히 좋은 성품을 기르는 것은 아이들의 삶을 보호하고 격조 높은 삶을 살 수 있도록 지원하는 최상의 교육이라고 했습니다. 이것은 다른 말로 도덕지능(Moral Intelligence)을 계발하는 일이라고 표현할 수 있습니다. 앞에서 인용한 성경, "마땅히 행할 길을 아이에게 가르치라. 그리하면 늙어서도 그것을 떠나지 아니하리라."(잠언 22장 6절)는 당부와도 연관이 있습니다. 부모들은 최초의 성품교사로서 자녀가 좋은 성품을 키울 수 있도록 본보기가 되어주면서 최선을 다하여 가르쳐야 합니다.

둘째, 문화 속에 내재되어 있는 매스미디어의 악영향입니다.

자녀를 키우면서 가장 두려운 일은 곳곳에 숨어있는 잘못된 문화 속에 깃든 매스미디어의 심각한 악영향으로부터 자녀를 어떻게 보호하느냐 하는 것입니다. 텔레비전과 영화, 비디오, 컴퓨터게임 등은 저급한 성적 표현, 악마 숭배 등으로 도배되어 있습니다. 아울러 정서 파괴적인 대중음악, 광고, 반도덕적인 가족의 모습들, 흉측한 어른들의 모습을 보도하는 텔레비전 뉴스 등 저속한 대중문화 속에 편만하게 널려 있는 여러 가지 이기주의와 냉소주의, 허무주의 그리고 타락한 도덕문화 속에서 우리의 자녀교육은 혼란을 더해가고 있습니다.

좋은 성품을 가르친다는 것은 이런 혼란 속에서 어린이에게 옳고 그름을 판단하는 능력, 확고한 자기 신념에 따라 행동함으로써 올바르고 부끄럽지 않게 행동하는 능력을 갖도록 하는 것입니다.

셋째, 사회 전반적인 도덕성의 붕괴를 원인으로 들 수 있습니다.

현대적 삶에서는 어린이들이 좋은 성품을 키우는데 필요한 사회적 요소가 서서히 붕괴되고 있습니다. 어른들의 모습에서 감사하는 본을 쉽게 볼 수 없으며 정신적·종교적 교육의 사회적 기반 붕괴, 어른들과 친밀한 관계를 맺어보는 경험의 부족, 개인을 존중하는 학교교육의 부재, 확고하지 못한 국가의 가치관, 지역사회의 지원 부족, 적절한 양육의 부재 등 한마디로 사회 전반적인 기반의 해체현상이 이 세대의 자녀들이 좋은 성품을 가지지 못하게 하는 요인들이 되고 있습니다.

그러나 어린이들이 좋은 성품을 소유하게 되면 옳고 그름의 내적 판단 능력을 갖게 되어 외적인 부정적인 영향들에 대하여 대항할 수 있는 능력을 소유하게 됩니다. 다행스럽게도 이 능력은 교육을 통하여 습득할 수 있습니다. 어린이들은 복잡한 추론, 고도의 논리적 사고는 할 수 없어도 좋은 생각, 좋은 느낌, 좋은 행동을 습관화하여 이 습관에 익숙하게 반응하게 할 수 있습니다. 이것이 바로 성품교육입니다. 좋은 성품이란 다른 사람을 이해하고 존중하며, 자제력을 발휘하며, 공정하게 행동하고 다른 사람과 공유하는 감정이입을 잘할 수 있는 습관입니다.

최근 조사에 따르면 6개월 된 아기도 이미 다른 사람의 고통에 대하여 반응하면서 공감능력을 습득할 수 있음이 보도되었습니다. 좋은 성품으로 교육하는 것은 일찍부터 부모들이 자녀를 양육하고 본보기를 보이면서 효과적으로 가르칠 수 있는 것입니다.

하나님은 최초의 성품교사로 모든 부모님들을 임명하셨습니다.

● ● ● 성품교육의 6가지 필수덕목

그러면 어린이들에게 어떤 것들을 가르쳐야 할까요? 필자가 설립한 '좋은나무 성품학교'에서는 어린이들에게 구체적인 6가지 필수덕목을 기본으로 하여 12가지 주제성품을 선정하여 교육하고 있습니다.

첫 번째 덕목, 공감인지능력(Empathy)

이 덕목은 어린이들에게 다른 사람의 감정을 이해하고 배려하는 능력을 갖게 하는 덕목입니다. 다른 사람의 기분을 생각하는 구체적인 방법을 교육시킴으로 다른 사람과 정서적으로 서로 교감하는 능력을 갖게 하여 정서적 충격을 피하고 잔인하게 행동하지 않도록 가르칩니다. 이 덕목을 기초로 하여 가르치는 구체적인 성품 주제는 경청, 긍정적 태도, 기쁨, 배려, 감사 등입니다.

두 번째 덕목, 분별력(Conscience)

이 덕목은 선과 악을 분별하는 능력을 길러줌으로써 옳고 그름의 세계를 알고 올바른 길로 자신을 이끌어 갈 수 있는 능력을 기르게 하는 정서적 덕목입니다.

이 덕목을 기초로 하여 가르치는 구체적인 성품 주제는 책임, 순종, 지혜입니다.

세 번째 덕목, 자제력(Self-Control)

스스로가 자신의 감정을 조절하여 자신을 신뢰하게 만들고 행동하기 전에 생각함으로써 올바르게 처신하는 방법을 알려주는 덕목입니다. 충동을 억제하며 조급한 선택을 하지 않게 하여 위험에서 보호하게 해줍니다.

이 덕목을 기초로 하여 가르치는 구체적인 성품 주제는 절제, 인내, 순종, 지혜입니다.

네 번째 덕목, 존중(Respect)

자신이 대접받고 싶은 대로 남을 대접하는 비결을 배움으로써 배려하는 마음으로, 다른 사람과의 관계를 행복하게 맺을 수 있도록 돕는 덕목입니다. 이 덕목은 사람들 사이에서의 폭력적인 행동을 막고 부당하게 대하거나 증오적인 관계를 맺지 않도록 미리 예방해 주는 기초적인 덕목이 됩니다. 자신과 다른 사람을 존중하는 법을 배운 사람은 일상생활에서도 평화로움을 사랑하게 됩니다. 이 덕목을 기초로 하여 가르치는 성품 주제는 존중, 배려, 지혜 등입니다.

다섯 번째 덕목, 친절(Kindness)

이 덕목은 다른 사람에게 친절하게 대하는 것이 올바른 행동이라는 것을 알고 다른 사람의 행복과 감정에 대하여 자신의 관심을 표현하는 것입니다. 친절을 배운 어린이는 다른 사람의 욕구에 민감하게 반응하게 됩니다. 곤란한 처지에 있는 사람을 도와주고 이기적이지 않으며 배려하는 사람이 됩니다. 이 덕목을 기초로 하여 가르치는 성품 주제는 경청, 배려, 존중 등입니다.

여섯 번째 덕목, 공정함(Fairness)

다른 사람을 편견 없이 대하고 정당하게 대하는 덕목입니다. 공정함을 배운 어린이들은 규칙을 준수하는 행동을 합니다. 또한 판단을 내리기 전에 모든 측면을 고려하는 사려 깊은 어린이로 성장하게 됩니다. 부당하게 대우받는 사람을 변호하고 인종, 문화, 경제, 능력, 신념에 상관없이 모든 사람을 평등하게 대할 수 있는 용기를 갖게 합니다. 이 덕목을 기초로 가르칠 수 있는 성품 주제는 존중, 책임, 지혜입니다.

사실 위의 여섯 가지의 덕목은 모든 성품들과 상호 연결되어 있으며 결코 분리하여 가르칠 수 없습니다. 그러나 성품의 기초적인 덕목의 성격을 더 분명하게 이해할 수 있게 하기 위하여 부득불 분리해 본 것입니다.

● ● ● 성품의 특성

흔히들 사람들은 성품은 타고나는 것이라고들 말합니다. 그러나 좋은 성품은 타고나는 것이 아닙니다. 가르침으로 가능한 것입니다. 성품은 눈에 보이지 않는다고 말합니다. 성품으로 지도자를 키우겠다고 '좋은나무 성품학교'를 창설할 때에 사람들은 눈에 보이지 않는 성품을 어떻게 교육할 수 있느냐고 물었습니다. 그러나 성품은 눈으로 보이는 것입니다. 옆에 있는 사람들을 둘러보십시오. 그 사람의 얼굴에서, 그 사람이 살아온 흔적과 함께 그 사람의 성품이 보이는 것입니다.

또한 **성품은 언어와 생각으로 표현됩니다.** 19세기 영국의 시인 바이런 경은 "말은 사상이다. 작은 잉크 방울이 안개처럼 생각에 적시면, 거기에서 수천, 수백 개의 생각들이 가지를 치고 나온다."고 했습니다. 그렇습니다. 그 사람의 성품은 그 사람의 언어로 그 사람이 얼마나 다양한 생각들을 가지고 있는지 알게 됩니다.

성품은 그 사람의 태도입니다. 똑같은 상황이 벌어져도 사람에 따라 반응하는 태도는 각기 다르게 표현됩니다. 곤혹스런 상황에 놓이게 되었을 때 상황은 똑같아도 선택하는 태도는 각기 다를 수 있습니다. 어떤 사람은 부정적인 태도로 절망하고, 어떤 사람은 긍정적인 태도로 이 상황을 받아들여 역전할 수 있습니다. 그 차이는 바로 성품입니다.

성품은 에티켓입니다. 좋은 성품은 좋은 에티켓으로 사람들과의 관계 속에서 빛을 발합니다.

그리고 **성품은 신앙생활입니다.** 내가 믿는 것대로 살아갈 수 있는 능력이 바로 성품입니다. 내가 믿는 것으로 다른 사람을 변화시킬 수는 없습니다. 그러나 좋은 성품으로 다른 사람에게 감동을 줄 수 있으며 변화를 가져올 수 있습니다.

● ● ● 성품교육은 가치교육

성품교육이란 가치교육입니다. 가치란 어떤 것이 좋다는 개인적인 확신으로, 무엇을 결정하거나 판단할 때에 환경을 초월하여 사용되는 것입니다. 이 가치 중에서 각 개인의 삶이나 공동체에서 절대적으로 중요한 것이 핵심 윤리 가치(Core Ethical Value)가 될 것입니다. 어린이에게 성품교육을 시킬 때 이런 핵심 윤리 가치를 잘 선별하여 가르쳐야 합니다. 그러면 부모와 교사들은 어떤 핵심 윤리 가치들을 가르쳐야 할까요? 그 기준을 살펴보도록 하겠습니다.

첫째, **일반적이고 보편적으로 가치가 있는 것이어야 합니다.**
모든 사람이 이 가치를 따라 이렇게 살았으면 좋겠다는 생각이 들고 확신이 드는 것으로, 모든 사람을 합당한 행동으로 이끌 수 있는 것이어야 합니다.

둘째, **도덕적이고 윤리적인 것이어야 합니다.**

모든 사람들이 이 가치에 따라 옳고 그름을 판단할 수 있는 것이어야 하며, 개인적인 호감이나 견해와는 상관없이 사람들이 이 가치에 따르고 복종할 수 있는 것이어야 합니다.

셋째, 질 높은 국가관과 시민의 삶을 추구하는 것이어야 합니다.
한 국가를 세우는 자유와 평등을 보장하는 정신과 훌륭한 시민정신을 고양할 수 있는 가치관으로, 문화와 그 사회를 풍요롭게 하는 가치이어야 합니다.

넷째, 각 개인에게 유익한 것이어야 합니다.
한 개인의 존엄성을 확고하게 해 주며 내 권리와 다른 사람의 권리를 함께 보장하며 각 개인의 발전을 돕는 것이어야 합니다.

다섯째, 좋은 인간관계를 형성하는 것이어야 합니다.
핵심 윤리 가치에 따라 살아가다 보면 사람에 대한 배려와 존중, 감사와 인내를 배우게 되며, 다른 사람이 내게 해 주기를 바라는 것처럼 다른 사람을 대할 수 있는 황금률을 실천하게 됩니다. 이로써 더 좋은 인간관계를 형성할 수 있도록 돕게 됩니다.

여섯째, 교육적으로 중요한 것이어야 합니다.

어린이들을 도와 학습목표를 성취하도록 돕고, 능력 있는 한 인간으로 행복한 미래를 준비시킬 수 있는 것이어야 합니다.

일곱째, 더 좋은 결정을 내릴 수 있도록 돕는 것이어야 합니다.

다양하고 어려운 상황에서 옳고 그름을 저울질하여 더 좋은 결정을 내릴 수 있도록 판단하는 기준이 되어야 합니다.

여덟째, 우리 삶에 밀접한 영향을 끼칠 수 있는 것이어야 합니다.

핵심 윤리 가치는 우리 삶의 가장 중요한 부분과 연관이 있고 지속적인 영향이 있는 것이어야 합니다.

사실 부모들이 자녀들에게 좋은 성품을 가르치기 위해서 핵심 윤리 가치를 찾는다는 것은 참으로 어려운 일입니다. 그 이유는 이 시대의 가치가 수시로 바뀌며 너무 복잡하고 혼란스러운 정신적 불황기에 살고 있기 때문입니다. 그래서 필자는 가장 오랫동안 시대와 역사를 통하여 많은 사람들에게 감동을 주며 성품에 변화를 주고 있는 성경을 사용하기를 권합니다. 역사와 시대를 초월하여 이미 가장 많은 인류에게 지속적으로 감동과 깊은 영향을 끼치고 있는 성경을 깊이 상고하여 그 속에 있는 절대적인 진리와 다양한 상황 속에 나타나는 예수 그리스도의 가르침을 자녀에게 읽어주며, 그것을 기본으로 하여 성품을 가르칠 때 가장 안전하고 변하지 않는 진정한 가치관을 어려서부터 선별하여 배울 수 있는 효과적인 방법이라고 생각합니다.

또한 유대인들의 탁월한 교육서인 탈무드, 전 세계 어린이들을 현명하게 키워내는데 도움을 주는 이솝우화, 재미있는 이야기들로 교훈을 남겨주는 전래동화 등에서 꼭 가르치고 싶은 가치관을 선별하여 가르칠 수 있을 것입니다.

성품의 기초 덕목

위에서 제시한 성품의 기초 덕목들은 그 성품을 가르치고 배우는 일에 기본이 되는 핵심입니다. 그런데 이것들은 보다 주도면밀한 교육에 의해 어린이의 삶에서 더욱 신장되어 집니다. 이제 본 장에서는 그 방법에 대하여 함께 생각해 보기로 합니다.

●●● 공감인지능력 키우기

공감인지능력(Empathy)은 어린이에게 다른 사람의 기분을 생각하는 방법을 알려주어 다른 사람의 감정을 이해하고 배려하는 능력을 갖도록 도와주는 덕목입니다. 그러면 이 공감능력은 어떻게 키울 수 있을까요?

▶ ▶ 상대방의 입장에 서서 생각해 보는 훈련을 시키세요.
그리고 다양한 감정들을 나타낼 수 있는 어휘들을 가르치세요.
모든 부모는 어린이들이 다른 사람의 감정에 민감하고 인정이 많은 사람이 되기를 원합니다. 그러나 많은 어린이들이 이 공감하는 능력이 부족합니다. 이는 감정을 확인하고 표현하는 능력이 없기 때문이지요. 어린이들은 다른 사람의 고통과 기쁨, 불안, 걱정, 자부심, 행복, 분노를 인식할 줄 모르기 때문에 남을 동정하는 것을 상당히 어려워합니다. 이런 어린이들에게 필요한 것은 감성지능을 좀 더 발달시키는 교육입니다. 효과적인 가르침은 상대방의 입장에 서서 생각해 보는 훈련을 시키고 감정어휘를 계발하여 활용하도록 장려하는 일입니다. 일단, 어린이들이 감정에 대해 좀 더 많이 알게 되고 자신의 기분을 이해하게 된다면 그들의 공감능력도 발전하게 되어 다른 사람의 고민과 욕구를 훨씬 더 잘 이해하고 느낄 수 있게 될 것입니다.

어린이들의 공감능력을 기르기 위한 효과적인 방법은 어린이의 감정을 잘 경청해 주는 것입니다.

자녀의 감정을 수용해 주고 조절해 주는 부모 밑에서 자란 어린이들이 더 안정적이며 스트레스도 적고 건강하게 자라게 되며 다른 사람의 감정을 공감해 주는 공감능력이 높아집니다.

어린이가 말할 때 조용히 경청해 주십시오. 말과 제스처로 "정말?", "아, 그래?", "오~", "저런" 이렇게 표현해 주면서 어린이의 감정을 지지해 주십시오. 또 어린이의 기분을 알아맞히고 그 기분의 원인을 파악해서 말로 표현해 주는 것을 익숙하게 해 주세요. 어린이들은 부모가 자신의 기분을 이해해 주고 있다는 것만으로도 문제해결 능력이 높아집니다. 그리고 그 기분을 말로 표현해 줄 때 감정어휘를 더 많이 획득하게 됩니다. "기분이 나빠 보이는구나.", "짜증났니?", "실망했니?" 등. 그리고 어린이 스스로가 그 문제의 해결책을 찾도록 자극해 봅니다. "그런데 넌 그 문제를 어떻게 해결하고 싶은데?", "더 좋은 생각이 없을까?" 등 자녀의 사고를 확장할 수 있는 질문을 사용하세요.

■ 감정 상태를 묻는 질문을 많이 합니다.

아이의 감정어휘 능력을 강화하기 위해서는 남의 생각을 알도록 도와주는 단어와 질문을 활용하면 효과적입니다. "뭔가 걱정이 되나 보구나. 무슨 일 있니?" 또는 "네 친구가 아주 불행해 보이는구나. 그 아이의 고민이 뭐라고 생각하니?" 일단 아이가 감정어휘를 많이 알게 되면 이렇게 자주 물어봅니다. "기분이 어때?" 또는 "그 아이 기분은 어떨까?"

■ 하루 일과 후에 온 가족이 모여 그날의 감정에 대하여 이야기하는 시간을 갖도록 합니다.

이 활동은 가족 구성원들이 서로의 대화에 귀를 기울이고 동시에 자신의 감정을 표현하는 방법을 배우도록 도와줍니다. 각 구성원이 하루 동안 겪었던 감정들에 대해 이야기함으로써 감정을 이해하는 시간을 갖고 공감해 보는 경험을 갖게 됩니다.

■ 감정카드를 만들어 봅니다.

수첩 크기의 색인카드를 만들고, 각 카드 위에 가장 많이 쓰는 감정어휘를 써 봅니다. 처음에는 몇 가지 안 되는 것 같으나 점점 다양한 어휘를 쓰게 될 것입니다. 어린 아이일 경우에는 다섯 가지 기본 감정(행복, 슬픔, 놀람, 무서움, 미움)만을 이용합니다. 그 후에 잡지나 컴퓨터를 통해 각 감정을 나타내는 그림이나 사진을 찾아서 다양한 감정어휘카드를 만듭니다. 완성 후에는 플래시카드처럼 활용하면 효과적입니다.

▶ ▶ ▶ 상대방의 감정에 반응하는 감수성을 강화시킵니다.

어린이들 중에는 다른 아이들보다 조금 더 민감한 아이들이 있는데, 그런 아이들에게는 사람들의 정서적 단서, 즉 말투나 행동, 얼굴표정을 정확하게 판단할 수 있는 능력이 있습니다. 그런 능력이 없는 아이는 다른 사람의 욕구에 제대로 반응하기를 어려워하며 어떻게 행동해야 할지 몰라 소심하고 불안해합니다. 그러므로 일찍부터 다른 사람의 감정에 반응하는 감수성을 강화시키면 자신감 있게 다른 사람을 배려하는 어린이로 성장하게 됩니다.

▶ ▶ ▶ 아이들의 감수성을 길러주는 방법

■ 섬세하고 친절한 행동을 칭찬합니다.

모든 행동을 강화시키기 위한 가장 간단하고 효과적인 방법은 그 행동을 하자마자 그 행동에 대해 칭찬해 주는 것입니다. 따라서 아이가 자상하고 사려 깊게 행동하는 것을 볼 때마다 그런 행동이 상대방을 얼마나 기쁘게 하는지 아이에게 알려줍니다.

■ 감수성의 결과를 보여줍니다.

아무리 사소한 일이라도 자상하고 친절한 행동은 살면서 아주 중요합니다. 그러므로 아이가 자신의 행동이 만든 결과를 볼 수 있도록 행동을 지적해 줍니다.

> **예** "유종아, 네가 할아버지한테 선물 주셔서 감사하다고 말했을 때 할아버지께서 아주 기뻐하시더구나."

■ "그 사람 기분이 어떨까?"라고 자주 물어봅니다.

아이의 감수성을 기르는 가장 쉬운 방법은 다른 사람의 기분이 어떤지 잘 생각해 보게 하는 것입니다. 실제 생활뿐만 아니라 책, TV, 영화에 나오는 상황을 이용해서 자주 그런 질문을 해 보게 하는 것입니다. 각 질문들은 아이가 잠깐 동작을 멈추고 다른 사람의 고민에 대해 생각하지 않을 수 없게 만들고 그들의 욕구에 대한 감수성을 길러주게 됩니다.

■ 감정과 그 뒤에 숨겨진 욕구를 추측해 봅니다.

감수성을 증진시키는 효과적인 방법은 아이들에게 다른 사람의 욕구와 감정을 찾아내는데 도움을 주는 질문을 하는 것입니다. 아이에게 이 방법을 사용하려면 사람들의 감정에 관심을 가질 만한 기회를 찾아야 합니다. 그런 후 감정을 치료하기 위해 그 사람에게는 무엇이 필요할지 아이에게 추측해 보게 합니다.

부모 – 이 사진에서 울고 있는 이 아이의 기분이 어떨 것 같니? (감정)
아이 – 슬픈 것 같아요.
부모 – 어떻게 해 주어야 이 아이가 행복하게 될 것 같니? (욕구)
아이 – 이 아이에게 먹을 것을 주어야 할 것 같아요. 많이 배고파 보여요.

■ 왜 그런 감정을 느끼는지 그 이유를 이야기한다.

어떤 상황이 발생하자마자 그 상황을 활용해서 그것을 어떻게 생각하는지, 그 이유가 무엇인지 설명해 줍니다. "아~오늘은 정말 행복해. 아빠가 용돈을 주셨거든.", "오늘은 너무 피곤해. 너무 많이 걸었거든."

▶ ▶ ▶ **공감능력 추측 방법**

다른 사람의 생각과 느낌을 상상하여 자신이 모르는 것을 짐작할 수 있게 도와주는 방법들입니다.

■ 역할 바꾸기

갈등이 생기면 모두 행동을 잠시 멈추고, 서로 역할이 바뀌면 상대방 기분이 어떨지 생각해 보자고 요청합니다. 이 방법은 곤란한 상황에서 각자가 상대방의 생각을 알 수 있도록 도와주는 효과적인 방법이 됩니다. 이처럼 상대방의 입장이 되어 생각하는 것은 아이의 공감능력을 강화하는데 도움을 줍니다.

■ 입장을 바꿔 생각한다.

서로 다른 입장에 서서 생각해 볼 때 진정으로 상대방의 감정을 이해하게 됩니다.

예 짐을 많이 들고 가시는 엄마를 보면서,
"이 짐을 하나 들어 드리면 엄마가 기분이 좋아지시겠지?"
라고 생각해 본다.

■ 상대방의 기분을 상상한다.

아이가 다른 사람의 기분을 공감하도록 도와주는 방법은 어떤 특별한 상황에서, 상대방 기분이 어떨지 아이에게 상상해 보도록 하는 것입니다.

예 친구에게 생일선물을 받고 감사카드를 보냈다.
"네가 친구라면 기분이 어떨까?"

▶ ▶ ▶ **공감능력을 확립하는 훈련**

아이들이 다른 사람의 기분에 민감해지는 것은 중요하지만 아주 어려운 일입니다. 부모는 자기 아이 때문에 피해를 입은 사람의 기분에 초점을 맞춰 아이의 나쁜 행동에 대해 일관되게 반응할 때 자녀의 공감능력을 더 잘 계발해 줄 수 있습니다.

다음은 다른 사람의 감정과 욕구에 민감해지고 공감능력의 씨앗을 잘 가꿀 수 있게 도와주는 4가지 방법입니다.

■ 무례한 행동을 즉시 지적합니다.

아이의 무례한 행동을 보는 즉시, 그 행동을 지적하여 그런 행동이 점점 확대되기 전에 그리고 습관화되기 전에 사전에 방지합니다. 그리고 이러한 부모의 태도는 아이 스스로 행동을 변화시키는데 성공할 가능성이 많아집니다.

■ 아이에게 "어떻게 생각하니?" 하고 자주 질문합니다.

부모의 질문은 자녀의 생각을 정리하게 하는데 매우 효과적입니다.

지시와 강요하는 어휘보다 다른 사람의 행동을 보고 자녀가 느끼는 점을 스스로 찾아서 이야기하도록 질문합니다. 예를 들어 어떤 사람이 별명을 부르며 놀려대는 모습을 보았다면 이렇게 질문해 봅니다.

예 "유종아, 만약 하종이가 너한테 별명을 부르면서 '돼지'라고 소리쳤다면 넌 어떤 기분이 들겠니?"

■ 자신이 한 행동의 결과를 알게 합니다.

아이가 다른 누군가의 입장이 되어 무례한 대접을 받는다면 어떤 기분이 들지 생각하도록 도와주는 것입니다. 다른 사람의 입장을 생각하는 것은 아이들에게 어려운 일이지만 통찰력 있는 질문들을 통해 아이들이 상대방의 감정을 고려하도록 친절하게 안내해 줄 수 있습니다.

■ 무례한 행동은 용납할 수 없다고 말해주고 그 이유를 설명한다.

아이의 행동이 왜 용납될 수 없는 무례한 행동인지 그 이유를 설명해 줍니다. 그런 행동의 어떤 점이 걱정스러운지 그리고 그런 무례한 행동을 어떻게 생각하는지 쉬운 말로 이야기합니다. 아이가 자신에게만 집중된 관심을 다른 곳으로 돌리고 자신의 행동이 남에게 어떤 영향을 줄 수 있는지 생각하도록 도와주는 것입니다.

> **예** "그렇게 말하는 것은 친절한 말이 아니란다. 다른 사람들이 그렇게 말하는 네 모습을 보면 네가 아주 무례한 아이라고 생각할거야."

▶ ▶ ▶ 공감능력을 갖지 못하는 원인

어린이들이 공감능력을 갖지 못하는 원인이 무엇일까요?

현 시대는 너무나 바쁘고 분주하여 부모들이 자녀들과 정서적으로 교감을 나누지 못하고 있는 것이 가장 큰 원인입니다. 부모들은 자녀들과 적극적인 관계를 맺고 친밀한 감정으로 서로 교감할 수 있어야 합니다.

또한 아버지는 자녀가 남을 잘 배려할 줄 아는 아이로 자라는데 많은 공헌을 할 수 있습니다. 1950년부터 시작되어 장기간 연구되었던 한 연구내용을 살펴보면, 다섯 살 때부터 자녀 양육에 적극적으로 관여했던 아버지를 둔 아이들은 아버지가 부재했던 아이들에 비해 30년 후 남을 더 잘 이해하는 어른으로 성장했습니다. 아버지가 어린 자녀의 감정을 수용해 주고 다루어 주면 자녀들은 더 많은 정서적 안정감을 얻게 됩니다. 이런 자녀들이 다른 사람의 감정에 공감해 주는 능력이 높아집니다. 자녀들은 자상한 아빠를 통해서 분노의 감정을 해소할 수 있고, 다른 사람을 동정하는 마음을 키울 수 있으며 옳고 그름을 배울 수 있습니다.

또 다른 원인으로는 잔인하고 폭력적인 각종 영상매체가 아이들에게 미치는 영향입니다.

일반적으로 아이들은 눈으로 본 경험들을 모방함으로써 행동을 터득하게 됩니다. 잔인한 영상에 계속해서 노출되다 보면 아이들은 잔인한 행동들을 배우게 되고, 그들의 공감능력은 억압받게 됩니다.

또한 일반적으로 여자 어린이보다 남자 어린이들의 공감능력이 떨어지는 이유는 우리의 주위에서 '남자는 이러면 못써.', '남자가 왜 울어.' 등과 같은 감정을 억압하는 어른들의 편견으로 인한 이야기들 때문입니다. 이는 남자아이들이 자라면서 공감능력을 계발하는데 큰 장애요인이 되게 합니다. 남자들도 여자들과 마찬가지로 원래는 공감능력을 갖고 태어나지만 자라면서 점점 남의 아픔과 고통에 공감하는 정도가 줄어들고 자신의 기분과 고민을 말로 표현하는 능력이 작아지기 시작합니다. 자녀들에게 공감능력을 가르치려면, 부모들이 직접 공감하는 모습을 보여줘야 합니다. 일상생활에서 보여주는 부모의 공감하는 모습이 자녀들에게 공감능력을 가르치는 가장 좋은 기회입니다.

● ● ● 분별력 키우기

분별력(Conscience)이란 옳고 그름을 판단하는데 도움을 주는 내면의 목소리로서 올바른 생활과 건강한 시민정신, 도덕적인 행동을 위한 토대가 되는 덕목입니다. 부모는 자녀들에게 어려서부터 옳고 그름을 배우도록 도와야 하고, 선에 반대하는 힘에 대항할 수 있는 확고한 분별력을 세워 주어야 하며, 유혹을 받는 환경에서도 올바르게 행동할 수 있도록 하여 아이의 내면에 깃들어 있는 양심의 기능을 강화해 주어야 합니다.

성품은 학습되는 것이기 때문에 올바른 분별력을 자녀에게 주기 위해서는 일상적인 실례와 말, 그리고 모본을 통해서 지속적으로 훈련해야 합니다.

▶ ▶ ▶ 분별력이 있는 사람들은 이렇게 행동합니다.

- 약속한 것은 반드시 지킨다.
- 잘못한 것은 변명하지 않고 자신의 잘못을 시인한다.
- 자신이 옳다고 생각되는 행동을 한다.
- 그 행동이 옳다고 생각하여 규칙을 지킨다.
- 부모가 보지 않을 때도 부모의 말을 따른다.
- 그 행동이 나쁘다는 것을 알기 때문에 도둑질, 거짓말, 속임수를 쓰지 않는다.
- 다른 사람 때문에 좌지우지되지 않고 일관성 있게 행동한다.
- 자기가 해야 할 일을 분명하게 알고 끝까지 완수한다.

▶ ▶ ▶ 분별력을 발달시키는 자녀교육법

■ 좋은 모범을 보여주는 부모가 되어 주세요.

하버드대학의 로버트 콜스 교수는 "어린 자녀가 인지하는 것은 매일매일 일상에서 보는 짧은 단서들이다."라고 말합니다. 아이들에게 매일 옳고 그름을 가르칠 수 있는 사람은 부모입니다. 아이들은 부모들의 행동을 유심히 보고 또 주변에서 일어나는 일들을 통해 옳고 그름을 배우게 됩니다.

■ 친밀한 관계를 유지하세요.

많은 연구 결과 아이들은 애착을 느끼고 존경하는 사람에게서 가장 강력한 영향을 받는다고 밝혀졌습니다. 아이들은 자신이 좋아하는 사람의 삶의 스타일, 패션, 취미, 그리고 도덕적 신념까지 모방합니다. 그러므로 가장 친밀한 대상이 부모가 될 때 아이에게 가장 영향력 있는 성품을 가르치는 교사가 됩니다.

■ 부모의 가치관을 자주 이야기해 주세요.

아이에게 부모의 가치와 신념을 자주 말해주는 자체가 직접적인 성품교육이 됩니다.

TV나 뉴스, 학교나 집에서 일어나는 사건들 속에서 적합한 문제의 자료를 구해서 자주 대화하며, 부모는 어떻게 이 문제에 대해서 생각하는지를 말하고 아이의 의견을 듣는 것이 좋습니다.

■ 좋은 행동을 기대하고 요구하세요.

자녀들은 부모가 요구하는 대로 행동할 가능성이 높습니다. 많은 연구 결과가 도덕적으로 행동하는 부모의 자녀가 또한 도덕적인 아이가 된다고 말합니다. 마빈 버코위츠 박사는 (Marvin Berkowitz) "도덕적 기대치가 높은 부모 밑에서 자라는 아이가 모든 도덕적 가치를 따르는 것은 무리가 있지만 그 핵심적인 뜻은 아이에게 전달된다."고 말하고 있습니다.

■ 질문을 사용하세요.

토마스 리코나는 아이들이 분별력을 강화하는데 질문이 아주 중요하다고 말하고 있습니다.

올바른 질문은 아이들이 다른 사람의 생각을 받아들이는데 도움을 줍니다.

자신의 행동을 논리적으로 생각해 보고 결과를 추론해 보는 능력이 되기도 합니다.

"이렇게 행동하면 어떤 일이 일어날까?"

"혹시 네가 생각하는 더 좋은 행동이 있을까?"

"네가 약속을 지키지 않으면 상대방은 어떤 기분일까?"

"다른 사람이 네게 그렇게 대하면 너는 무슨 생각을 하게 될까?" 등

■ 가정의 규칙과 방침을 설명해 주세요.

부모들이 가정의 규칙에 대한 구체적인 이유를 들어 설명해 주면 자녀들은 부모의 생각을 이해하고 그 기준을 따르기

가 쉬워집니다. 아이들에게 올바르게 행동하길 원하는 것과 그 이유까지도 분명하게 알려주면 아이들의 분별력은 더 높아지고 강화됩니다.

▶ ▶ ▶ 도덕 발달 6단계

로렌스 콜버그는 아이들은 단계적으로 도덕성이 발달한다고 말했습니다.

아이의 도덕 수준은 정신연령과 비례하지 않고 자신의 경험과 그에 따른 능력에 의해 변화한다고 합니다. 그러므로 부모와 교사는 아이의 현재 상태의 도덕적 수준을 이해하고 다음 단계로 성장할 수 있도록 도와주어야 합니다.

> **Tip 어린이 도덕 발달 단계** ▪ ▪ ▪
>
> **1단계 : 자기중심적 추론 (0-3세 ; "내 기분이 중요해요.")**
> 이 시기는 자기중심적이며 남의 기분이나 생각은 중요하다는 인식 자체가 어려운 시기이다. 자기중심적으로 생각하고 행동한다.
> "엄마, 빨리 일어나. 나 배고프단 말이야."
>
> **2단계 : 체벌이나 회피 (3-6세 ; 취학 전 아동 "야단맞을까 무서워요.")**
> 이 시기는 결과에 상관없이 상·벌의 관점에서 혹은 자신을 즐겁게 해주는 것을 중심으로 도덕성을 생각한다.
> "동생을 괴롭히면 엄마한테 혼날 거야. 그래서 난 동생을 괴롭히면 안 돼."

3단계 : 거래 (초등학교 저학년시절 ; "나한테 뭐 해줄 건데요?")
이 시기는 어떤 일이 자신의 욕구와 일치하거나 그리고 자신이 할 일에 대한
대가가 있을 때 도덕적으로 행동한다.
"그거 나 주면 나도 이거 너 줄게."

4단계 : 올바른 행동이 다른 사람을 기쁘게 해준다는 것을 알게 되는 단계
        (초등 고학년–10대 초반 ; "매너 좋은 사람이 좋아, 친절한 사람이 좋아.")
이 시기는 자신들의 좋은 행동이 다른 사람들을 기쁘게 해준다는 사실을 아는
시기이다. 다른 사람을 기쁘게 하기 위한 생각들이 도덕적 추론의 단계가 된다.
"내가 미영이에게 잘해 주면 미영이도 나를 좋아할 거야."
"내가 동생을 잘 대해주면 엄마가 기뻐하겠지? 어쩌면 용돈도 더 주실지 몰라."

5단계 : 법–질서 지향주의 (십대 초반–십대 후반 ; "여기는 주차하면 안돼요, 엄
        마.")
이 시기는 자신이 속해 있는 사회체제가 손상되지 않도록 규칙을 지키고 자신
의 의무를 행하며 권위를 존중하는 것이 올바른 행동이라고 생각한다.
"이 학교에 남아 있으려면 이 학교의 규칙을 따라야 해."
"여기는 주차하는 곳이 아니에요, 엄마."

6단계 : 양심에 근거한 분별력 (청년의 시기 그리고 그 이후~ ; "양심대로 사는
        것이 제일 좋지요.")
이 시기는 인간의 권리를 보호하고, 존중하고, 그 표준을 따르는 것이 양심의
직무라고 느끼는 시기이다.
"사람을 속이는 것은 내 양심에서 허락하지 않아. 그래서 안할 거야."

부모는 자녀에게 가장 영향력 있는 도덕 선생님입니다.

자녀들이 옳고 그름을 알게 되는 것은 부모의 모습을 보고

기준을 갖게 된다는 사실을 꼭 기억해야 할 것입니다. 사실,

성품교육의 출발점은 가정입니다. 부모들께서 어떻게 말하고 행동해야 하는지를 분명하게 말씀해 주세요. 그리고 어떤 상황에서는 절대로 허용할 수 없다는 것을 확고하게 말씀해 주셔야 합니다. 그래야 자녀들은 분별력을 기르게 되고 모든 선택에는 책임이 따른다는 것을 배우게 됩니다.

다음은 가정에서 부모들이 행하셔야 할 책임입니다.

■ 가족의 필요를 공급하기 위해 성실하게 일하시는 모습을 보여주세요.

자신의 직업을 귀하게 여기며 즐겁게 일하시는 모습, 또 그것으로 가족의 필요를 공급하시는 모습에서 자녀는 책임감을 배우게 됩니다.

■ 내가 선택한 결혼을 귀하게 여기고 배우자에게 책임을 다하는 모습을 보여주세요.

서로에게 책임을 다하는 부모님을 보면서 자녀들은 안정감을 소유한 진정한 책임감을 배우게 됩니다.

■ 자녀가 잘못했을 때 적절한 격려와 훈계를 해 주세요.

적절한 격려와 훈계가 자녀에게 책임감 있는 행동을 가르치게 됩니다.

■ 공평하고 효율적으로 가사 일을 분담해서 실행하세요.

가정에서 작은 일이라도 맡아서 해보는 습관이 책임감을 기릅니다.

- 가족 구성원들의 능력이 최선을 다해 계발되도록 성장시켜 주세요.

진정한 사랑은 서로를 격려하고 성장시켜 준답니다.

가족 구성원의 능력을 최대한으로 신장시킬 수 있도록 책임을 다해 주세요.

▶ ▶ ▶ **책임감을 키우는 방법**

- 책임감을 주제로 일상생활에서 빈번하게 대화합니다.
- 저녁시간에 책임감에 관련된 신문기사나 뉴스를 시청하면서 토론해 보는 시간을 가져 봅니다.
- 책임감과 관련된 말과 행동을 가르칩니다.
- 책임감에 대한 역할극을 해 봅니다.

  (예 : 정해진 시간에 집에 귀가하는 모습, 남의 것을 베끼지 않고 직접 숙제하는 모습, 자신의 잘못을 변명하지 않고 시인하는 모습, 한번 시작한 일을 끝까지 해내는 모습 등)

- 아이가 책임감을 실천해 보는 기회를 찾아보고 함께 이야기합니다.

  "오늘 너는 어떤 책임감 있는 일을 했니? 오늘 어떤 사람이 책임감 있게 네게 대해 준 사람이 있니? 그때 네 기분

이 어땠니?” 등

- 책임감 있는 행동을 했을 때 놓치지 말고 칭찬하세요. “유치원에 늦지 않으려고 알람을 맞추어 놓았구나. 정말 책임감 있는 행동이다.”라고 구체적으로 격려합니다.

● ● ● 절제력 키우기

절제력(Self-control)이란 내가 하고 싶은 대로 하지 않고 좋은 태도로 옳은 일과 해야 할 일을 먼저 선택하는 능력입니다. 즉 절제력이란 어린이들이 좀 더 안전하고 현명한 선택을 할 수 있도록 생각과 행동을 조절하게 해주는 강력한 내적인 덕목이며 파괴적인 충동을 억제하는 힘을 말합니다.

다른 사람을 이해하고 동정하는 능력인 공감능력과 올바르게 행동하도록 안내해 주는 내면의 목소리인 분별력, 그리고 파괴적인 충동을 억제하는 힘인 절제력은 어린이가 올바르게 성장할 수 있도록 돕는 중요한 성품의 덕목입니다.

▶ ▶ ▶ 절제력이 있는 사람은 이렇게 행동합니다.

- 화나는 순간에 ‘오이오 법칙’을 사용합니다. ‘오이오 법칙’이란 ‘좋은나무 성품학교’에서 어린이에게 가르치는 심호흡입니다. 화가 나고 불평하고 싶은 순간 잠깐 참고

숨을 크게 5번 들이마십니다. 그리고 두 번 숨을 멈춘 후 5번 밖으로 크게 숨을 내뱉습니다. 이렇게 하면 스트레스 받는 그 순간 폭발하는 감정을 자제할 수 있답니다.

- 기다리는 순서를 참을성 있게 줄을 서서 기다립니다.
- 나쁜 생각이 충동적으로 일어나면 안 된다고 단호하게 큰 소리로 말합니다.
- 아무도 보는 사람이 없어도 올바르게 행동합니다.
- 자기가 할 일을 계획하고 끝까지 완수합니다.
- 자신이 해야 할 일은 미루지 않고 즉시 해결합니다.

▶ ▶ ▶ 절제력을 발달시키는 자녀교육법

자녀에게 절제력을 키우게 하기 위해서는 부모들이 먼저 모범을 보여야 합니다. 일상생활에서 우리 자녀들은 부모의 행동양식을 지켜보며 몸에 익히고 있습니다. 늘 부모를 지켜보면서 자신이 세상을 살아가는데 필요한 태도를 모방하게 되는 것입니다. 하버드대학의 교수 로버트 콜스는 「아동의 도덕지능」 이라는 책에서 이렇게 말하고 있습니다.

"아이들은 부모들을 도덕적 나침반으로 삼는다." 그렇습니다. 부모가 일상에서 보여주는 충동을 억제하는 태도가 자녀의 절제력을 키우는데 가장 중요한 역할 모델이 됩니다.

그리고 구체적으로 이렇게 실천해 보십시오.

■ 자녀에게 절제력이 무엇인지 정확한 정의와 가치를 먼저 가르쳐 주세요.

절제력이란 내가 하고 싶은 대로 하지 않고 좋은 태도로 옳은 일과 해야 할 일을 먼저 선택하는 능력이라고 매일 가르치십시오. 그리고 일상생활에서 절제력이 어떤 때 필요한 것인지 아이들의 시각으로 함께 이야기해 봅니다. 숙제하기 전에 친구 집에 가서 놀고 싶은 것, 자야 할 시간인데 TV를 보고 싶은 마음, 화나게 만드는 동생을 때리고 싶은 마음, 자신을 모욕한 사람에게 복수하고 싶은 마음들이 바로 절제력이 필요할 때라는 것을 알려줍니다. 그리고 그런 행동을 자녀가 행했을 때, 그 기회를 놓치지 말고 자녀의 절제력을 칭찬해 줍니다. “바로 그거야. 네가 옳은 일을 선택한 거야. 참 좋은 용기란다. 그게 바로 절제력이란다.”라고 마음껏 격려해 주십시오.

■ 좋은 격언들을 모아서 자녀의 마음에 새겨 주세요

절제력과 관계된 좋은 인용구들을 모아서 자녀에게 절제력을 위한 좌우명으로 삼게 해 주세요.

위인들이 말한 짧지만 통찰력 있는 명언들은 자녀들의 가슴에 쉽게 영감을 불러일으켜 줍니다.

"인류가 갖고 있는 좋은 점 가운데 대부분은 인내력, 참을성, 절제
력의 범주에서 찾을 수 있다."　　　　　　　　　－아서 헬프스

"개인에게 있어 유일한 진정한 자유는 자아를 지배하는 것이다."
　　　　　　　　　　　　　　　　　　　　－프레드릭 페데스

"절제는 모든 시련에 저항하고 있다는 증거다."　　　－워즈워스

"자제는 또 다른 형태의 용기이다. 자제는 인격을 구성하는 중요
한 요소이며, 모든 미덕의 뿌리이다."　　　　　　－새무얼 스마일즈

"노하기를 더디 하는 자는 크게 명철하여도 마음이 조급한 자는
어리석음을 나타내느니라."　　　　　　　　　　　－잠언 14 : 29

"마음을 지키는 자는 성을 빼앗는 것보다 나으니라."
　　　　　　　　　　　　　　　　　　　　　　－잠언 16 : 32

"무릇 지킬만한 것보다 더욱 네 마음을 지키라. 생명의 근원이
이에서 남이니라."　　　　　　　　　　　　　　　－잠언 4 : 23

"미련한 자는 분노를 당장에 나타내거니와 슬기로운 자는 수욕을
참느니라."　　　　　　　　　　　　　　　　　　－잠언 12 : 16

"자기 마음을 자제하지 아니하는 자는 성읍이 무너지고 성벽이 없
는 것 같으니라."　　　　　　　　　　　　　　　－잠언 25 : 26

참으로 많은 성경 말씀들이 자기 마음을 절제하는 것이 얼마나 중요한지에 대해서 말하고 있습니다.

자녀들과 함께 하루에 한 장씩 잠언을 읽어 나가는 것도 아주 좋은 방법입니다. 그리고 좋은 구절들은 다른 색인카드에 적어 냉장고나 책상 위든지 눈에 잘 띄는 곳에 붙여 둡니다.

■ 감정이 격한 상태에서는 아무도 말하지 않는다는 규칙을 만들어 놓으세요.

가정에서 모든 식구들이 감정이 격한 상태에서는 서로가 '타임아웃'을 외치게 하고, 잠시 자리를 뜬 후 침착해진 다음 말하는 것을 가정의 규칙으로 삼으십시오. 그래서 다른 사람과 말할 때는 침착할 때 말한다는 원칙을 지키는 것이 습관이 되게 도와주는 것이 좋습니다.

● ● ● 존중하는 마음 키우기

존중(Respect)이란 나와 상대방을 공손하고 소중하게 대함으로 그 가치를 인정하며 높여주는 태도를 말합니다. 그 반대가 되는 개념은 무례함으로 다른 사람을 함부로 대하여 상처를 주는 태도입니다.

이 시대의 문제점은 부모나 어른들의 스트레스가 늘어나 어린이들을 존중하는 언어나 행동을 보여줄 마음의 여유가 없다는데 있습니다. 종종 어른들이 어린이들을 함부로 대하여 상처를 주는 사례들이 늘어나고 있다는 사실입니다.

이렇게 존중을 받아보지 못하고 자란 어린이들은 다른 사람을 존중하는 방법을 모르게 됩니다. 자신이 경험해 보지 못한 성품을 가르치기란 참으로 어려운 일입니다. 그래서 점점 더 사회는 예의범절이 무너지고 있으며 무례함이 곳곳에서 일어나고 있습니다.

범람하는 영상매체는 날이 갈수록 잔인하고 야비함이 드러나는 노골적인 장면으로 아이들은 이들 매체에 그대로 노출됩니다. 자라나는 청소년들의 언어는 욕설과 음란한 언어들로 급격하게 증가되고 있습니다.

토마스 리코나는 "언어란 문명지수이며 언어의 변화는 사회적으로 중요하다."고 말했습니다.

존중을 표현하는 한 가지 수단이 바로 언어이기 때문에 나쁜 언어가 사회에 증가한다는 것은 사회적으로 도덕성이 하락하고 있다는 증거가 되기도 합니다.

이러한 시대에 부모와 어른들은 어린 자녀들에게 존중이라는 성품을 가르친다는 것은 더없이 중요한 과업을 시작하는 일이라고 생각해야 합니다.

다른 사람을 존중하는 마음은 바로 '내가 대접받고 싶은 대

로 다른 사람을 대접하라'는 황금률을 실천하는 일이기 때문
에 이 사회를 더 행복하게 만드는 지름길이라고 생각됩니다.

▸ ▸ ▸ 존중하는 사람들은 이렇게 행동합니다.

- 다른 사람이 말할 때 잘 경청합니다.
- 다른 사람이 말하는 도중에 끼어들지 않습니다.
- 다른 사람의 별명을 부르거나 흉을 보지 않습니다.
- 배려가 무엇인지 알고 모든 상황을 신중하게 행동합니다.
- 다른 사람의 물건을 소중하게 여깁니다.
- 경우에 합당한 예의를 지킬 줄 압니다.
- 마음에 들지 않아도 화를 내지 않고 부모님과 선생님의 말씀을 잘 듣습니다.
- 불평하거나 말대꾸를 하지 않습니다.
- 다른 사람의 마음을 살펴줄 수 있는 지혜가 있습니다.
- 나쁜 말이나 욕을 사용하지 않습니다.
- 힘이 없는 사람을 도와줍니다.
- 만나는 사람마다 인사를 밝게 합니다.

▸ ▸ ▸ 존중감을 발달시키는 자녀교육법

모든 성품을 가르치는 최선의 방법이 부모가 역할 모델을

보여주는 것입니다.

부모가 손수 모범을 보여줄 때, 어린 자녀들은 그 성품을 갈등 없이 배우게 됩니다.

일상생활에서 보여주는 부모들의 존중하는 태도가 자녀들로 하여금 세상을 존중하는 방법을 배우게 합니다. 그리고 다른 사람을 존중하는 자녀로 기르기 위한 최고의 가르침은 자녀를 사랑과 존중으로 대하는 일입니다. 자신이 받아본 존중을 어느새 다른 사람에게도 적용하는 자녀들의 모습을 보게 될 것입니다.

그리고 구체적으로 존중감을 이렇게 가르치십시오.

▸ ▸ ▸ **자녀에게 존중이란 무엇인지 정확한 정의와 의미를 가르쳐 주세요.**

"존중이란 나와 상대방에게 공손하고 소중하게 대함으로 그 가치를 인정하며 높여주는 태도를 말한단다. 그 반대가 되는 개념은 무례함으로 다른 사람을 함부로 대하여 상처를 주는 태도란다."라고 가르치면서 "네가 생각하는 존중이 무엇인지 말해 줄 수 있겠니?" 하고 물어 보십시오. 그러면 아이들은 자신이 생각하는 존중이라는 정의를 이야기하면서 자신들의 시각에서 이해한 존중에 대한 개념이 정리됩니다.

그리고 그 정의를 벽에 붙여서 중요성을 마음에 새기게 합니다.

욕설을 하거나 권위에 대한 존중심을 갖고 있지 않는 어린 이들이 늘어나고 있습니다. 어른에게 건방지게 말대꾸를 하거나, 무례하게 행동해도 어떻게 해야 할지 몰라 망설이는 부모들은 자녀들의 그런 행동이 앞으로 자녀의 평판에 치명적이라는 사실을 목도하고 고치도록 가르쳐야 합니다.

무례한 행동을 고치기 위해서는 첫째, 습관이 되기 전에 초기에 잡아야 합니다. 둘째, 아무리 힘들어도 부모는 단호한 태도로, 절대 항복하지 말고 일관된 태도를 보여주어야 합니다.

자녀가 무례한 행동을 하지 않도록 하려면 다음과 같은 방법을 사용해 보십시오.

▶ ▶ ▶ **무례한 모습을 보이는 그 즉시 교정해 주세요.**

자녀가 무례한 행동을 할 때마다 그 즉시 행동을 지적해 주셔야 합니다. 아이에 대한 인격이나 성격에 대한 것이 아닌, 아이의 행동에만 주목하는 것입니다.

예를 들면 "네가 쓰는 '제기랄'이라는 말은 들어줄 수가 없구나. 그건 욕이야. 집에서는 절대 써서는 안 된다."

"엄마가 말할 때 넌 다른 곳을 쳐다보고 있구나. 그건 버릇없는 행동이란다. 그렇게 하지 말아라."

“네가 말할 때 징징거리면서 말하는 것은 좋은 태도가 아니야. 정중하게 말해야 엄마는 들을 거야.”라고 말합니다.

▶ ▶ ▶ **무례한 행동을 보이면 관심을 주지 말고 무시하세요.**

어린이들은 관심을 끌기 위해서 무례한 행동을 할 수가 있습니다.

부모가 이러한 행동을 무시하고 관심을 주지 않으면 아이들은 목표가 이루어지지 않기 때문에 행동을 수정할 수 있습니다. 자녀가 무례한 행동을 할 때 다른 곳을 보거나 욕실에 들어가 문을 잠그고 잠시 혼자 있거나 그 자리를 차라리 피하십시오. 그리고 무례한 행동을 보일 때마다 이렇게 이야기해 주세요.

“그만 해라. 그건 무례한 태도야. 네가 예의 바르게 이야기할 수 있을 때 다시 이야기하겠다.”

“그렇게 화내면서 말하면 나는 듣지 않을 거야. 엄마 방에 있을 테니 정중하게 말할 수 있을 때 다시 오려무나.”

▶ ▶ ▶ **그래도 안 된다면 교정으로 들어가야지요.**

훈계란 자녀에게 바람직한 행동을 가르치기 위하여 가르치고 지도하면서 문제 행동을 미리 예방하는 것입니다.

가르치고 일러주어도 행동이 수정되지 않으면 적절한 교정의 단계로 들어가야 합니다.

교정의 방법에는 다양한 방법들이 있는데 필자가 쓴 『훈계, 어떻게 할까?』(이영숙, 나침반, 2001)를 참고하시면 도움이 될 것입니다.

예절은 어렸을 때부터 가르쳐야 효과적입니다. 다음은 아이들이 배워야 할 예절들을 전문가들이 추천하고, 미셀 보바 박사가 정리한 내용들을 참조하여 소개합니다.

■ 어린이들에게 경어를 가르쳐 주세요.

- ~해 주십시오.
- 고맙습니다.
- 실례합니다.
- 미안합니다.
- ~해도 될까요?
- 죄송합니다.
- 천만에요. 등

어른에게 존경하는 언어를 가르쳐 예의 바르게 말할 수 있도록 지도해 주세요.

■ 인사할 때의 예절을 가르칩니다.

- 인사할 때는 미소를 지으며 상대방의 눈을 본다.

- 바르게 서서 고개를 숙이고 인사하는 법을 알게 한다.

- 상냥한 목소리로 "안녕하세요!" 하고 말한다.

- 어른이 묻는 것에 자신 있게 대답하고 자신을 소개한다.

- 옆에 있는 다른 사람을 소개하는 법을 가르친다.

■ 말할 때의 예절(대화 예절)

- 밝고 긍정적인 태도로 대화를 시작한다.

- 다른 사람이 이야기할 때 중간에 끼어들지 않고 경청한다.

- 말하는 사람의 눈을 쳐다보며 대화한다.

- 기분 좋은 목소리로 명랑하게 말한다.

- 말하는 사람에게 긍정적인 관심을 보이는 것을 몸으로 표현한다(머리 끄덕이기, 맞장구치기 등).

■ 식사 예절

- 식사 시간에 맞추어 식탁에 앉는다.

- 식탁을 차리는 정확한 법을 안다.

- 똑바로 앉는다.

- 냅킨을 무릎에 둔다.

- 모자는 벗는다.
- 음식을 준비한 사람에게 감사 표시를 한다.
- 식사를 하기 전에 어른이 앉기를 기다린다.
- 적당한 양을 먹는다.
- 맛있는 것만 골라 먹지 않는다.
- 국물을 먹을 때는 소리를 내지 않는다.
- 젓가락질하는 법을 제대로 안다.
- 일어나 가로질러 집지 말고 "~좀 주시겠어요?"라고 부탁한다.
- 젓가락으로 반찬 그릇을 끌어당기지 말고, 빈 그릇을 포개 놓지 않는다.
- 도구의 정확한 사용법을 안다.
- 식탁에 팔꿈치를 대지 않는다.
- 입을 다물고 음식을 씹는다.
- 입안에 음식이 있으면 말하지 않는다.
- 식사를 마치면 수저를 가지런히 내려놓는다.
- 식탁에서 일어서기 전에 실례해도 되겠냐고 양해를 구한다.
- 식사 후 뒷정리를 도와드린다.
- 식탁에서 일어나기 전에 식사를 준비한 사람에게 감사

하다고 말한다.

■ 손님 접대 예절

- 손님을 문 앞까지 나와서 맞이한다.
- 손님에게 먹을 것을 대접한다.
- 손님과 함께 앉는다.
- 손님에게 뭘 하고 싶은지 물어본다.
- 손님과 이야기를 나눈다.
- 문까지 손님을 배웅하고 작별인사를 한다.

■ 시간과 장소에 상관없는 예절

- 입을 가리고 재채기를 한다.
- 욕을 하지 않는다.
- 트림을 하지 않는다.
- 험담을 하지 않는다.
- 손님이나 웃어른을 위해 문을 잡아드린다.

■ 방문 시 예절

- 집안의 어른에게 먼저 인사하는 것부터 시작한다.
- 어질러 놓은 것은 치운다.
- 하룻밤을 보냈다면 방을 깨끗이 치우고 잠자리를 정리
  한다.

- 집주인을 도와줄 것들을 살펴서 도와준다.
- 초대한 사람에게 감사의 말을 전한다.

■ 웃어른에 대한 예절

- 웃어른이 방에 들어오면 벌떡 일어선다.
- 나이든 어른이 웃옷을 입는 것을 도와드린다.
- 웃어른이 떠날 때는 문을 열어드리고 계속 잡아드린다.
- 앉을 의자가 없다면 자신의 의자를 양보한다.
- 웃어른이 불편해 하는 점을 배려한다.
- 차 문을 잡아드리고 필요하면 차 안까지 모셔다 드린다.
- 친절하게 대하고 잘 보살펴드린다.
- 웃어른의 얼굴모양이나 생김새, 주름살, 잘 듣지 못하시는 것, 지팡이 사용 등 그 사람의 단점을 말하지 않는다.

■ 운동 시 예절

- 경기를 할 때는 규칙을 지킨다.
- 장비(기구)를 함께 사용한다.
- 같은 팀 선수들을 격려한다.
- 허풍을 치거나 잘난 체하지 않는다.
- 실수를 해도 웃지 않는다.
- 야유를 보내지 않는다.

- 심판의 말에 이의를 제기하지 않는다.

- 상대편을 축하해 준다.

- 경기가 끝나면 멈춘다.

- 함께 힘을 합쳐 승부를 겨룬다.

■ 전화 예절

- 우선 인사를 하고 이름을 말한다.

- 통화해도 되는지 정중히 묻는다.

- 분명하고 즐거운 목소리로 묻는다.

- 전화를 걸어 온 사람에게 "실례지만 어디신가요?" 하고 묻는다.

- 만약 아는 사람이면 전화 건 사람에게 이름을 말하며 인사한다.

- 통화할 사람을 찾는 동안 "잠시 기다리세요."라고 정중하게 말한다.

- 메시지를 주고받는다.

- 극장과 콘서트 또는 다른 공공장소에서는 휴대폰을 꺼 놓는다.

- 만약 공공장소에서 휴대폰을 사용해야 한다면 다른 사람들에게 방해되지 않도록 아주 조용히 사용한다.

이상과 같은 예절들을 자녀가 어릴 때부터 지속적으로 가르치세요.

저녁식사 시간을 이용하여서 자녀들이 세상에 나가 어떤 모습으로 살아야 하는지를 가르치는 예절학교가 되게 한다면 자녀들이 좋은 성품의 리더로 성장해 있는 모습을 곧 보게 될 것입니다.

성품은 이렇게 그 사람의 생각과 말과 태도로 보이는 것입니다.

● ● ● 친절한 태도 키우기

친절(Kindness)이란 다른 사람의 행복과 기분에 대해 관심을 갖고 사랑을 표현해 주는 능력입니다.

다른 사람에 대한 동정심과 친절함은 일찍부터 가르쳐야 합니다.

점점 아이들이 자라면서 잔인해지고, 다른 사람을 비열하게 괴롭히면서도 아무렇지도 않게 생각하는 사례가 늘어나고 있습니다. 그래서 종종 친구들이 괴롭히는 것을 참지 못하고 자살을 하거나 심각한 상태가 되어 세상에 보도되는 끔찍한 일들이 벌어집니다. 이런저런 청소년의 문제가 걱정스럽기도 한 시대입니다. 집단 따돌림, 이른바 왕따 현상은 불친절이 시대의 위기로 대두된 것을 실감하게 되는 일련의 사회 모습이기도 합니다. 이러한 현상은 다른 덕목에서도 마찬가지겠지만 친절함을 가르치는 역할 모델의 부족, 또 친절함이 옳은 일이라는 것을 가르치는 행동들의 부족, 동급생들의 불친절한 경험들 속에서 친절함에 대한 무감각성 증가, TV와 인터넷, 영화, 음악, 비디오게임에서 보는 잔인한 영상의 무분별한 노출이 더욱 친절함에 대한 감각을 무디게 하는데 큰 영향을 주고 있다고 하겠습니다.

■ 친절한 사람들은 이렇게 행동합니다.

· 다른 사람을 기쁘게 하는 행동을 합니다.

· 슬퍼하는 사람에게 관심을 보입니다.

· 어려움에 처한 사람을 도와줍니다.

· 다른 사람을 비웃지 않습니다.

· 다른 사람이 관심을 갖고 있는 것에 주의를 기울여 줍니다.

· 고통을 당하는 사람과 함께 있어 줍니다.

· 불친절한 대우를 받는 사람에게 관심을 보입니다.

■ 친절함을 발달시키는 자녀교육법

어린이들의 타고난 본성은 착하고 따뜻합니다.

그러나 다른 사람에게 친절한 모습으로 대하고 동정적인 행동을 지속적으로 하게 하려면 그 특성을 가르치고 길러주어야

만 합니다. 친절의 중요성을 강조하는 어른들을 통해서 주입되어질 수 있습니다. 그러면 친절함을 자녀들에게 어떻게 가르쳐야 할까요?

■ 친절함이 무엇인지 정확한 정의와 의미를 가르쳐 주세요.

부모들이 보여주는 친절한 모습 속에서 자녀들은 더 잘 배울 수 있습니다. 친절한 생활 속에서 분명하게 보이는 것으로 친절함의 정의를 알게 되면 자녀들은 더 잘 이해하게 됩니다.

"친절이란 다른 사람의 행복과 기분에 대해 관심을 갖고 사랑을 표현해 주는 능력이란다."라고 말하면서, 다른 사람에 대한 동정심과 친절함은 아주 중요한 가치가 있다는 것을 가르쳐 주세요.

■ 부모님은 자녀에게 "친절을 기대한다."고 말씀하세요.

자녀들이 어렸을 때는 부모님들의 요구대로 반응하려는 욕구가 있습니다.

다른 사람을 친절하게 대해야 한다는 분명한 기대를 말씀해 주세요. 그린 모습은 자녀에게 기대하는 행동에 대한 기준을 확립시키게 되고, 부모가 무엇을 중요하게 생각하고 있는지를 분명히 말해주는 기회가 됩니다.

"사람에게 불친절한 것은 나쁘고 해로운 것이란다. 나는 네

게 친절을 기대한단다.”라고 반복해서 말씀해 주시는 부모님
이 되세요.

■ ‘친절한 행동 찾기 운동’을 펼치세요.

어떤 것이 친절하고 다른 사람을 돕는 행동인지 자녀와 함
께 사람들이 많은 곳에 가서 관찰하여 찾기 게임을 해 봅니
다. 많이 찾은 사람에게 상도 좀 주시고요.

이런 ‘친절 관찰’은 친절한 사람의 말과 행동을 직접 볼 수
있고 친절함이 다른 사람에게 어떤 영향을 끼치는지 직접 경
험해 볼 수 있는 좋은 기회를 제공합니다.

그리고 가족에게 친절한 행동을 가장 많이 한 사람을 찾아
서 ‘오늘의 친절왕’으로 뽑아서 친절함에 대한 많은 격려를
해 보기도 합니다.

■ 친절한 말을 가르칩니다.

말을 잘한다는 것은 참으로 어려운 일입니다. 저절로 되는
것이 아니라 배우고 연습해야 되는 것이랍니다.

자녀에게 어려서부터 친절하게 말하는 법을 가르친다는 것
은 어른이 되어서 주변의 사람들과 행복하게 살 수 있는 도구
를 들려주는 것과 같습니다. 말 때문에 상처를 주고받고 말
때문에 관계가 깨어지기도 하고 맺어지기도 합니다. 친절을

전파하는 강력한 말들을 가르치세요.

"뭐 도와줄 것 없니?", "도와줘서 고마워.", "내가 해 줄 것 없니?", "내가 도와줄게.", "내가 너와 있어 줄게.", "네가 보고 싶을 거야.", "괜찮아?", "미안해.", "넌 잘할 거야.", "네가 좋아했으면 좋겠어.", "네가 보고 싶을 거야.", "다 잘 될 거야.", "같이 앉아도 되니?" 등.

■ 친절한 행동이 어떤 결과를 가져오는지 알게 합니다.

어린이들이 자신들의 행동이 사람들에게 영향을 끼친다는 것을 알게 되면 더 좋은 행동을 하려고 노력하게 됩니다. 친절한 행동을 많이 하면 할수록 스스로를 더 좋은 사람이라고 생각하며 이는 강력한 자부심을 경험하게 할 것입니다. 남에게 친절을 베푸는 것이 얼마나 기분 좋은 일인지 해 보지 않은 사람은 결코 알 수 없는 비밀입니다. 작은 친절이 세상을 변하게 하고 사람들을 얼마나 행복하게 해 주는지에 대한 긍정적인 경험을 체험하게 해 주세요.

● ● ● 공평한 마음 키우기(관용)

관용(Tolerance)이란 모든 사람이 똑같은 존엄성과 권리가 있다는 것을 알고 존중해 주는 태도입니다.

인종, 민족성, 나이, 종교, 무능력, 신념, 성별, 외모, 행동, 어떤 성격이나 취향에도 상관하지 않고 편견을 가지지 않고 개개인을 공평하게 존중해 주는 태도를 말합니다.

관용은 다른 사람들의 신념이나 가치가 다르더라도 그 차이를 인정해 주는 것에서부터 시작됩니다.

나와 다른 것이 틀린 것이 아니라 오직 다를 뿐이라는 관용의 태도가 사람들의 증오와 폭력, 그리고 완고함을 줄이게 되며 친절, 존중, 넓은 이해심으로 다른 사람을 대할 수 있도록 도와주는 덕목이 됩니다.

■ 관용의 사람들은 이렇게 행동합니다.

• 다른 사람의 외모를 보고 흉보지 않습니다.

• 다른 나라 사람, 다른 문화, 다른 종교를 비하하는 말을 하지 않습니다.

• 여자하고는 안 놀아 혹은 남자하고는 말을 안 하겠다고 하지 않습니다.

• 자신하고 다르다고 사람들을 비웃지 않습니다.

- 차이점 대신에 공통점을 찾으려고 노력합니다.
- 괴롭힘을 당하거나 놀림을 당하는 사람 편에 서 줍니다.

■ 자녀에게 관용의 마음을 발달시키는 교육법

어린이들이 자신과 다른 사람을 인정하고 존중할 수 있도록 부모들은 의식적으로 자녀가 아주 어릴 때부터 가르쳐야 합니다.

■ 관용에 대한 정의와 의미를 분명하게 가르칩니다.

"관용이란 모든 사람이 똑같은 존엄성과 권리가 있다는 것을 알고 존중해 주는 태도를 말한다."라고 분명하게 가르칩니다.

인종, 민족성, 나이, 종교, 무능력, 신념, 성별, 외모와 상관없이 모든 사람이 귀중하다는 것과 공평하게 대해야 함을 알려줍니다.

■ 부모가 먼저 본보기가 되어 줍니다.

자녀들은 부모의 생각을 닮아 갑니다. 무의식적으로 자녀 앞에서 보이는 편견의 말과 행동들이 자녀에게 관용의 마음을 갖게 하는데 어려움을 줍니다.

■ 사람들의 다양성에 좋은 이미지를 넣어 주세요.

부모가 먼저 다양성을 포용하는 태도를 보여줍니다.

다양한 것이 더 좋은 것이라는 긍정적인 개념을 살려 주세요.

■ 다양한 관계를 맺도록 지도합니다.

다양한 프로그램에 자녀를 참여시켜 관계의 다양성을 경험하게 합니다.

■ 자녀가 긍정적인 자아 정체감을 가질 수 있도록 도와줍니다.

자기 자신에 대하여 긍정적인 자아 존중감이 확립된 사람은 다른 사람도 존중하는 태도를 갖게 됩니다.

자기 자신에 대해서 긍지를 갖고 자신에 대한 장점을 알고 계발하려고 노력하는 사람은 다른 사람에 대해서도 그들의 장점을 보려고 노력하게 됩니다.

■ 고정관념을 거부하고 편견을 버리라고 가르치세요.

"고정관념이란 우리가 어떤 집단이나 사람 혹은 사물에 대해서 모두 그런 것처럼 생각하는 잘못된 편견이나 선입관이란다. 모두가 그런 것이 아닌데도 포괄적으로 그렇다고 믿고 있기 때문에 편견을 갖게 되는 잘못된 태도거든."이라고 분명하게 지적해 주는 것이 필요합니다.

세계는 지금 다양성을 추구하면서 지구촌이라는 표현이 말하듯 밀접한 생활권을 강조하고 있습니다. 이러한 시기에 자신과 다른 점을 수용하지 못하는 편협적인 생각으로는 세계적인 지도자가 될 수 없습니다. 나와 다른 생각을 만나면 그 생각을 존중하면서 받아들이는 법을 배울 수 있게 해 주어야 합니다.

그러기 위해서는 우리의 고유한 전통문화와 유산에 대한 정체성을 갖게 하고, 자신의 장점에 대한 자긍심, 그리고 함께 살아가는 공동체에 대한 자부심을 갖도록 하면 미래에 자신의 외모나 성별, 능력과 자신의 신념 때문에 스스로를 비하하지 않으면서도 당당하게 다른 사람의 다름도 인정해 주는 관용의 지도자가 될 것입니다.

성품으로 지도자 키우기

●●● 성품훈련은 지도자의 필수코스

지금으로부터 20여 년 전에 필자가 운영하는 밀알유치원에서 있었던 일입니다.

그 당시 밀알유치원에서는 1년에 한 번씩 동네 아이들을 모아다가 밀알의 아이들과 하루 동안 함께 수업을 하면서 성경 공부도 하고 재미있는 놀이를 하는 특별한 프로그램을 진행하고 있었습니다.

열심 있는 밀알의 부모님들이 오셔서 이 행사를 도와주었습니다. 그런데 한 어머니께서 간식을 준비하다가 화를 내며 제게 오셨지요. "원장님, 밀알유치원 교육이 잘못되었습니다. 이거 고치시지 않으면 저는 우리 보은이를 더는 밀알에 보내지 않겠어요." 느닷없는 보은 어머님의 말씀에 당황한 저는 놀라서 물었지요. "왜요? 보은 어머님, 갑자기 무엇이 잘못되었나요?", "밀알 유치원에서 항상 양보하기, 질서 지키기, 다른 사람 배려하기, 뭐 이런 것을 강조하며 가르치니까 밀알의 아이들은 이러다가 자기 밥그릇도 찾아먹지 못하는 아이들이 될까봐 걱정이 돼요. 오늘 간식 먹기 전에 손을 씻으라고 줄을 세우는데 다른 유치원 아이들은 재빨리 앞에 서고, 막 새치기도 하면서 자리를 차지하는데 밀알의 아이들은 모두 양보하고 제자리도 못 찾고 밀려나는 것을 보니까 속상해서 차마 볼 수가 없어요. 원장님 교육이 잘못되었어요. 고치지 않으면 안 되겠어요."

이제야 내막을 알게 된 필자는 물끄러미 그 어머니를 보면서 되물었지요. "보은이 어머니, 어머니는 보은이의 교육목표가 제 밥그릇 찾는 아이가 되는 것입니까? 밀알의 교육목표는 제 밥그릇뿐만 아니라 다른 사람의 밥그릇까지도 찾아주는 것입니다. 그것도 한 그릇도 아닌 백 그릇, 천 그릇… 아니 온 세상의 밥그릇을 찾아주는 사람이 되면 안 됩니까? 성경은 지도자가 되려면 다른 사람을 섬겨야 한다고 가르치고 있습니다."라고 말했지요. 지금도 잊히지 않는 기억으로 제게 남겨져 있는 일입니다.

오늘날 의외로 참 많은 부모님들이 하나밖에 없는 자녀들이 너무나 귀중하다는 생각에서 그들을 과잉보호하면서 절대로 다른 아이들과의 관계에서 손해 보지 않는 사람으로 키우려고 노력합니다. 그러나 사실 이러한 부모의 태도는 자녀를 큰 그릇으로 키우지 못하는 결과를 초래하고 있습니다. 우리 주변의 어른들은 종종 어려운 일들을 부모가 모두 짊어지고 자녀는 그저 공부만 하라고 다그칩니다. 이런 자녀교육 방법이 자녀를 큰 지도자로 키우지 못한다는 것을 이미 많은 사례들이 증명하고 있고 우리들의 눈으로 본 바 되었습니다.

이제는 우리의 소중한 아이들에게 성품을 가르쳐야 합니다. 좋은 성품은 이 시대가 요구하는 진정으로 훌륭한 지도자를 만듭니다. 1988년에 올리너 부부가 쓴 「이타적 인성(The Altruistic Personality)」이라는 책에서는 이 사실을 더욱 분명하게 찾아볼 수 있습니다. 이 책에서는 나치 점령 하의 유럽에서 살아남은 406명의 생존자를 인터뷰하였고, 다른 한편 같은 시기에 같은 곳에 살았으나 역경에 처해 있던 유대인들을 돕는 일에 전혀 참여하지 않은 126명을 동시에 인터뷰하였습니다. 그런데 이 연구에 의하면 어려운 상황에서 다른 사람을 돕는 성품을 가진 사람의 내면에는 그 사람이 성장하는 과정에서의 부모와 맺은 친밀한 관계성과 적절한 부모의 모델링이 중요한 요인으로 자리 잡고 있다는 사실, 즉 어렸을 때 그들이 경험한 공동체의 영향이 중요하다는 것을 입증하고 있습니다. 그리고 중요한 것은 다른 사람을 도울 수 있는 자신에 대한 효능감은 전쟁 후에도 사회적 지도자의 역할을 감당하는 성품으로 나타나게 된다는 것입니다.

이 책에서 우리가 중요하게 생각해 볼 수 있는 것은 가정에서 경제적인 가치보다 도덕적인 가치 그리고 인간으로서 마땅히 가져야 할 태도와 자세 즉, 좋은 성품에 대하여 가르친 가정의 자녀가 장차 사회에 진출하여 평상시나 위기의 때에 옳은 일을 할 수 있는 지도자의 자리에 설 수 있다는 점입니다. 자녀들이 크면 좋은 성품이 저절로 생겨나고 우연히 지도자가 되는 것은 아니라는 사실입니다.

가정과 학교는 어린이들이 어렸을 때부터 자신에게만 관심을 집중하는 좁은 관계성을 갖는 것이 아니라, 주위의 넓은 범위까지 포괄하여 광범위한 관계성을 가질 수 있도록 도와주어야 합니다. 그리고 매일의 상호관계 속에서 다른 사람을 배려하며 섬기는 좋은 성품의 공동체 모습을 실제적으로 경험할 수 있도록 해야 합니다.

● ● ● 지도자의 성품

▶ ▶ ▶ 지도자의 성품은 생명입니다.

얼마 전 NGO 단체인 '굿네이버스'라는 곳에서 성품교육 강의를 의뢰해서 방콕에 간 적이 있었습니다.

그곳에는 아시아와 아프리카 지역에서 사역하는 19개 국가에서 오신 선교사, 지부장님들이 모두 모여서 전략들을 나누며 새로운 사역의 방향으로 '좋은나무 성품학교'의 교재들을 어떻게 현지와 접목시킬 수 있을 것인가를 계획하는 가운데 그분들께 성품교육이 무엇인지를 강의할 좋은 기회를 갖게 된 것입니다.

성품교육이 얼마나 중요한지를 함께 강의로 나눈 후에 우리 일행은 캄보디아의 앙코르와트를 방문하게 되었답니다.

태국에서 캄보디아로 들어가는 국경에 이르자 그 나라가 얼마나 가난한 나라인지 피부로 느낄 수 있었습니다. 버스를 타고 가다가 길이 물에 잠겨 보트를 타고 가야 했고, 아스팔트 길은 전혀 없고 먼지 날리는 포장 안 된 길들, 전기가 없어 어둡고 허름한 원두막 같은 집에서 6명씩 자는 가정들, 구걸하는 아이들…….

이 나라가 왜 이렇게 가난한지 정말 궁금했습니다. 필자는 처음에는 이 민족이 게으르고 어리석기 때문이라고 생각되었습니다. 그러나 그 다음날 유적지 앙코르와트를 방문하고는 엄청난 문화유산과 놀랍도록 지혜를 갖춘 조상이 있었던 것과 위대한 앙코르 제국을 건설한 용맹의 민족이라는 사실에 놀랐습니다.

그럼 지금의 그 비참한 현실은 무슨 이유일까요?

바로 그 나라의 비극은 지도자의 성품 때문이었습니다.

폴 포트(Pol Pot, 1928~1998)는 부유한 가정의 9남매 중 8번째로 태어났으며 본래 이름은 살로스 싸였는데 1976년 공산혁명 이후 이름을 바꾸게 되었지요. 프랑스로 유학까지 가서 공부했던 그는 공산주의 사상에 깊이 빠져들면서 다른 사람으로 변모해 가기 시작하였습니다. 1952년 12월 학위도 없이 캄보디아로 돌아와 본격적인 캄보디아 공산당 활동을 하게 된

그는 1975년부터 1979년까지 근 3년 동안 캄보디아를 통치하게 되면서 공산 혁명이라는 명명 아래 전체인구의 1/3이 되는 200만 명 이상을 무차별하게 죽였습니다.

안경을 썼다고 죽이고, 외국어를 안다고 죽이고, 피아노를 치고 기타를 칠 줄 안다고 죽이고, 손이 부드럽다고 죽이고, 학생이 있다고 죽이고, 키가 크다고 죽이고, 뚱뚱하다고 죽이고 ……. 이런저런 이유를 달아 잔인하고 비참하게 사람을 죽여 그 유명한 킬링필드라는 죽음의 현장을 만들게 되었습니다. 그런 지도자 때문에 캄보디아의 지식인은 모두 죽거나 도망가서 비참한 현실을 개혁할 인재가 없게 되었고, 50년 이상이나 문화와 경제가 후퇴하는 원인이 되었습니다.

참으로 지도자의 역할은 중요합니다. 어떤 지도자를 만나느냐에 따라 국가의 흥망성쇠가 좌우됩니다. 어떻게 생각하고 어떻게 말하고 어떤 행동을 하느냐가 바로 성품입니다. 성품 있는 지도자가 나라와 민족을 부흥시킵니다.

지도자는 바로 생명입니다. 캄보디아는 그 지도자 때문에 너무나 많은 무고한 사람들이 생명을 잃었습니다. 참된 지도자는 생명을 얻게 합니다. 풍성한 생명으로 열매 맺게 하는 지도자는 바로 성품 지도자입니다.

필자가 좋아하는 저자이신 빌 하이빌스 목사님은 성공하는 사람들의 성품에는 용기, 자기통제력, 비전, 인내, 온유한 사랑, 엄격한 사랑, 희생적인 사랑, 파격적인 사랑 등 이런 특정한 성품을 갖추어야 한다고 말씀하면서 그 정의를 다음과 같이 내리고 있습니다.

> 용기는 해야 할 일을 바르게 선택할 줄 아는 능력입니다.
> 자기통제력은 즐거움을 유보하고 성공을 달성하는 능력입니다.
> 비전이란 현상 너머에 있는 것을 바라보는 능력입니다.
> 인내란 포기의 순간을 넘기는 자세입니다.
> 온유한 사랑은 남의 처지에 서 보는 자세입니다.
> 엄격한 사랑은 친밀한 관계에서 진리를 지켜 나가는 것입니다.
> 희생적인 사랑은 끊임없이 주는 것입니다.
> 파격적인 사랑은 적대감의 열쇠고리를 끊는 것입니다.

아무리 읽어도 참으로 마음으로 공감되는 성품에 대한 좋은 정의들이라고 생각됩니다.

필자가 가르치는 '좋은나무 성품학교'에서는 차세대의 지도자인 어린이들을 좋은 성품으로 양육하기 위한 목표를 세우고 12가지의 주제성품을 선정하고 집중적으로 가르치고 훈련하고 있습니다. 12가지 주제성품은 다음과 같습니다. 경청, 긍정적 태도, 기쁨, 배려, 감사, 책임감, 인내, 순종, 절제, 창의성, 정직, 지혜 등입니다. 지난 22년 동안 어린이들을 가르쳐 오면서 그들의 미래를 위하여 꼭 갖추어야 할 태도 혹은 능력이라고 생각되는 성품들을 조심스럽게 선정한 것입니다.

성품교육을 하는데 가장 중요한 첫 시작은 어린이가 명확하게 이해할 수 있도록 각각 성품의 정의를 내리는 일이었습니다. 필자가 제안하는 12가지 주제성품에 대한 정의는 다음과 같습니다.

▶ ▶ ▶ 좋은 성품 자녀 키우기 / 좋은 성품 지도자 세우는 좋은나무 성품학교의 12가지 주제성품

■ **경청(attentiveness)**

상대방의 말과 행동을 잘 집중하여 들으며 상대방이 얼마나 소중한지 인정해 주는 것.

Being thoughtful and alert to my task and others around me.

■ **긍정적 태도(Positive Attitude)**

어떠한 상황에서도 가장 희망적인 생각, 말, 행동을 선택하는 마음가짐.

Having a good way of thinking about something or someone.

■ 기쁨(Joyfulness)

어려운 상황이나 형편 속에서도 불평하지 않고 즐거운 마음을 유
지하는 태도.
Having a great feeling of well-being no matter what the situati on.

■ 배려(Caring)

나와 상대방 그리고 환경에 대하여 사랑과 관심을 갖고 잘 관찰하
여 보살펴 주는 것.
Giving love and attention to match up the need of people and
environment.

■ 감사(Gratefulness)

다른 사람이 나에게 어떤 도움이 되었는지를 인정하고 말과 행동
으로 고마움을 표현하는 것.
Showing thanks for kindness or benefits received from others.

■ 책임감(Responsibility)

내가 해야 할 일들이 무엇인지 알고 그것들을 끝까지 잘 수행하는
태도.
Being reliable and trustworthy in all circumstances.

■ 인내(Patience)

좋은 일을 위하여 때가 이를 때까지 불평하지 않고, 참고 기다리
면서 노력하는 것.
Being calm, even in difficult times without complaining.

■ 순종(Obedience)

나를 책임지고 있는 사람들의 현명한 지시를 기쁜 마음으로 즉시,

완벽하게 따르는 것.

Following the instructions of reliable persons with a hearty mind.

■ 절제(Self-control)

내가 하고 싶은 대로 하지 않고 옳은 일과 해야 할 일을 먼저 하는 것.

Choosing what is right and good instead of living by my feelings.

■ 창의성(Creativity)

모든 생각과 행동을 새로운 방법으로 시도해 보는 것.

Approaching a need, a task, or an idea from a different point of view.

■ 정직(Honesty)

지금 손해를 보더라도 생각, 말, 행동을 꾸미지 않고 거짓 없이 표현하여 미래의 신뢰를 얻는 것.

Refusing to lie or deceive in thought, speech or action.

■ 지혜(Wisdom)

내가 알고 있는 지식을 나와 다른 사람들에게 유익이 되도록 사용할 수 있는 능력.

Making practical applications of truth in daily decisions.

▶ ▶ ▶ **지도자는 감정조절가**

현대는 마음잡기가 참으로 어려운 시대입니다. 너나 할 것 없이 감정을 잘 다스리지 못하여 가정과 사회가 더 어려워지는 현실을 여기저기에서 목도하게 됩니다. 갈수록 감정을 다스리기 어려운 시대에서 지도자의 역할은 다른 사람들의 마음을 다룰 수 있는 감성의 전문가가 되어야 합니다.

다니엘 골몬(Daniel Goleman)은 『감성지수(Emotional Intelligence)』라는 책에서 1970년대 중반부터 1980년대 후반까지 전국의 7~14세의 어린이들을 대상으로 실시했던 조사의 결과를 소개해 주고 있습니다. 조사는 어렸을 때부터 자기감정을 잘 조절할 수 있는 사람이 이후 더 성공하는 모습으로 성장하는 것과 감성지수가 높은 사람이 사회에서 더 성공하는 모습을 보여주고 있다고 말합니다.

장 자크 루소는 "이성이 인간을 만들지만 감성은 인간을 이끌어 간다."라고 말했습니다. 다른 사람들을 올바른 길로 인도하는 지도자는 감성을 잘 다스리는 지도자가 되어 감정을 긍정적 에너지로 전환하는 기술을 익혀 둘 필요가 있다고 생각합니다. 순간의 감정 때문에 중요한 일을 놓치고 감정의 소용돌이 속에 휘말리게 될 때, 지도자에게는 치명적인 상황으로 빠지게 되기 때문입니다.

먼저 지도자가 되려는 사람은 나와 주변 사람들의 감정을 잘 파악하는 능력을 길러야 합니다. 나의 감정을 잘 알고 다른 사람의 감정을 잘 파악하는 사람이 적절한 대처방안을 신속하게 만들 수 있습니다. 그러기 위해서는 많이 느끼고 많이 관찰하는 감정의 전문가가 되어야 합니다. 다른 사람의 감정을 제대로 알기 위해서는 다른 사람들의 마음을 추측해 보는 연습도 필요합니다. 그리고 무엇보다도 다른 사람의 감정의 수용능력을 최대한으로 키워서 여유와 유연성을 갖고 지혜롭게 대처하는 능력이 필요합니다.

또한 지도자는 다른 사람에게 공감하는 공감능력이 있어야 합니다. 감정은 공감의 능력을 키워내는 텃밭입니다. 비슷한 상황에서 경험했던 나의 감정의 느낌을 존중하여 다른 사람에게 공감하는 능력을 키워야 합니다. 그러기 위해서는 나의 감정을 억압하지 말아야 합니다. 감정을 억압했던 경험은 수치심과 죄책감을 갖게 하고 다른 사람을 오해하는 씨앗이 되고 분노와 경계심을 갖게 합니다. 대부분 다른 사람에 대해 공감하기 어려워하는 사람들은 과거 자신의 삶에서 감정을 억압하고 그것을 회피했던 경험들이 있던 사람들입니다.

어린 자녀들을 지도자로 키우고 싶은 부모님들은 자녀가 어렸을 때부터 그들의 감정을 잘 다루어 주어야 합니다. 이 점에 있어서 특별히 아빠가 어린 자녀들의 분노와 두려움의 감정을 잘 수용하고 풀어주는 역할을 해 주어야 합니다. 진실한 감정을 표현하고 수용할 수 있는 사람이 다른 사람과 공감을 형성할 수 있기 때문입니다.

지도자는 스스로 자신의 감정을 조절할 수 있어야 합니다. 사실 감정조절의 메인 스테이션은 나 자신입니다. 자신의 감정을 잘 조절할 수 있는 길은 바로 자신감입니다. 감정표현이 서툰 사람들의 근본적인 이유는 다른 사람에게 피해주기 싫어하는 마음과 또는 실수할까봐 두려워서 자신의 감정을 잘 드러내려고 하지 않기 때문입니다. 자신감을 가지고 스스로의 감정을 잘 표현하려고 결심하면서, 긍정적인 감정은 곧바로 크게 표현하고 부정적인 감정은 천천히 작게 표현하려고 노력하면 됩니다.

불안한 마음이 들 때 어떻게 해야 할까요? 곰팡이는 햇빛을 쏘이면 금방 사라집니다. 마음에 곰팡이가 피면 말로 표현해야 합니다. 불안한 마음이 들 때 말로 표현하면 반으로 사라집니다.

말은 불안감의 살균제이기 때문입니다. 지도자는 먼저 다가가 웃어주고 격려하고 칭찬해 주어야 합니다. 다른 사람이 가지고 있는 마음의 불안을 말로 뽑아주는 사람이 되어 다른 사람의 감정을 조절해 주는 능력을 소유해야 합니다.

어떻게 성품을 가르칠까?

● ● ● 성품교육의 내용

성품을 잘 가르치기 위해서 필자가 만든 '좋은나무 성품학교'에서는 다음의 4가지 영역으로 나누어 체계적으로 가르치고 있습니다. 그 내용은 다음과 같습니다.

▶ ▶ ▶ STORY TELLING(이야기 나누기 영역)

이 영역에서는 역사 속에서 세상에서 가장 많이 사람이 읽고 그들에게 지대한 영향을 끼친 성경을 중심으로 탈무드, 이

솝우화, 전래동화와 생활 속 이야기들을 통하여 주제성품과 관련된 재미있는 이야기들을 들려줌으로써 주제성품을 가르칩니다.

어린이들은 줄거리 있는 이야기를 좋아하는 특징이 있습니다. 이 점을 활용하여 다양한 이야기 속에 들어 있는 성품을 재미있게 배우고 익히게 하는 기회를 제공합니다. 어린이들은 '좋은나무 성품학교'의 스토리텔링 영역을 읽고 토론하면서 주제성품의 개념을 익히게 되고 다양한 책을 읽게 되는 좋은 습관을 형성하게 될 것입니다.

▶ ▶ ▶ DOING & BEING(생활하기 영역)

이 영역은 그 달의 주제성품을 생활 속에서 매일 실천해 보고 주변 사람들과의 관계 속에서 상호 연계하여 서로의 성품이 훈련될 수 있도록 도움을 주고받는 구체적인 활동으로 이루어져 있습니다. 상황에 맞는 좋은 행동을 알게 하고 구체적이면서도 반복적으로 좋은 행동을 연습하게 함으로써 그것이 자신의 습관으로 자리 잡고 그것이 결국 좋은 성품으로 성장하게 되도록 격려합니다.

성품은 관계 속에서 성장합니다. 혼자서는 절대로 배울 수 없는 것이 성품입니다. 다양한 상황 속에서 좋은 관계를 맺어 보는 경험들은 성품을 연습하는 아주 중요한 요소입니다. 관계 맺기 영역은 하나님과 사람, 사람과 사람 사이의 관계를 연결하는 고리로써 그동안 배운 성품을 감사하기, 용서 구하기, 지혜와 도움을 요청하기, 내 마음 표현하기 등의 4가지 활동을 통하여 직접 표현하고 실천하는 과정으로 이루어져 있습니다.

이 영역을 통하여 어린이들은 좋은 관계를 맺는 방법을 구체적으로 배우고 익히게 되며 자신의 감성을 발달시켜 차세대의 성품리더로서의 역량을 갖추게 됩니다.

▶ ▶ ▶ LET'S STUDY(탐구하기 영역)

좋은 성품을 자연과 훌륭한 위인들의 삶 속에서 찾아보고 그 성품을 닮아가고 싶은 열망을 갖게 하는 영역입니다.

각 주제성품에 해당하는 인물이나 자연의 세계를 과학적인 눈으로 탐구하고 연구해 봄으로써 학문에 대한 훈련과 사물에 대하여 탐구해 보는 경험을 갖게 합니다. 이 영역에서 어린이들은 다양한 프로젝트 활동을 해 보고 깊이 있는 연구 활동을 통하여 논리적이고도 폭넓은 사고의 틀을 갖게 될 것입니다.

● ● ● 성품교육의 방법

성품교육을 효과적으로 가르치기 위하여 필자가 만든 '좋은 나무 성품학교' 프로그램에서는 어린이교육, 교사교육, 부모교육을 정기적으로 실시하면서 전문 과정으로 성품지도자 인증 과정을 실시하고 있습니다.

그럼 구체적인 성품교육의 방법을 살펴보겠습니다.

▶ ▶ ▶ 어린이 교육

■ 워크북

'성품교육 Work Book'을 통해 두 달에 한 번씩 선정되는 주제성품을 구체적으로 이해할 수 있도록 돕고 있습니다. 워크북은 총 3년 과정, 연령별 3단계로 수준을 달리합니다.

STEP1 : 유아교육과정－5, 6세(만 3, 4세) 유아대상

STEP2 : 유치교육과정－7세(만 5세) 유아대상

STEP3 : 초등교육과정

■ 포스터

한 장의 포스터에 각 주제성품의 정의, 손동작 지침, 캐릭터 그림을 담아 학교와 각 가정에서 동시에 매달의 주제성품의 정의를 익히며 성품과 친숙함을 느낄 수 있도록 재미있게 제작되었습니다.

■ 성품일기

그 달의 주제성품을 중심으로 가정과 학교에서 일어난 구체적인 사례들을 일기로 적습니다. 성품을 생활 속에서 실천하며 느꼈던 자신만의 구체적인 경험을 그림과 글씨로 표현하며 연령에 따라 부모님의 도움을 받을 수 있습니다.

■ 성품동화

선정된 주제성품을 효과적으로 전달하기 위해 성품주제 인물, 동물 등과 관련된 창작 동화로 어린이들의 사고와 감성을 자극하여 흥미롭게 성품을 익힐 수 있도록 돕게 됩니다.

■ 성품 Song과 Chant

각 주제성품의 내용을 기초로 한 성품 노래와 챈트로 한국어와 영어로 노래를 부르며 성품을 익힐 수 있습니다. 노래와 챈트는 손동작과 몸짓, 다양한 악기의 사용으로 폭넓게 진행되며 이는 재미있고 즐겁게 성품을 익히는데 효과적입니다.

■ 성품 페스티발

주제성품 교육이 마무리되면 각 가정의 학부모를 초청하여 그동안 진행된 성품교육 과정의 내용을 동영상, 프레젠테이션 등을 통해 소개하고, 그 후에 진행될 성품에 대해 안내하는 시간을 갖게 됩니다. 이때, 어린이들은 그동안 배웠던 주제성품을 성품 정의, 노래, 챈트, 역할극 등으로 자연스럽게 발표해 보는 시간을 갖습니다.

■ 성품 수료증

한 성품이 마무리될 때 좋은 성품리더로 자랄 어린이들을 격려하며 학교장, 교사, 학부모의 사인과 함께 수료증을 전달하는 축복의 시간을 갖습니다. 이 수료증은 성품 페스티발에서 학부모들이 직접 어린이에게 전달하는 것을 권장합니다.

■ 성품 캠프 및 그 밖의 성품 관련 행사

성품 캠프는 그동안 익혔던 성품의 내용들을 중심으로 한 다양한 활동 등으로 구성됩니다.

주제성품들과 관련된 노래와 챈트, 여러 가지 게임, 악기 등을 통한 난타공연, 요리활동, 자연을 통한 성품 탐색 등의 재미있는 활동으로 전개됩니다. 또한, 주제성품을 그 외의 교육행사와 연계하여 소풍, 견학, 다양한 행사 등을 전개할 수 있습니다.

그 밖에 다양한 교사교육 프로그램과 체계적인 부모를 위한 성품학교를 운영하여 어린이들을 성품으로 잘 양육하며 가르칠 수 있는 성인교육을 실시하고 있습니다.

▶ ▶ ▶ **부모 및 교사를 위한 성품지도자 인증과정 내용**

교육내용		
1단계	성품이론과 원리과정 인턴십 과정 임상실험 적용 및 발표	1. 성품이란 무엇인가? 2. 성품교육의 원리 3. 하나님의 성품을 닮은 지도자 4. 성품 지도자의 태도 5. 어린이의 가치 6. 성품으로 칭찬하는 법 7. 성품 훈계법 8. 6가지 기초덕목에 대하여 9. 어린이에게 효과적인 성품을 훈련한 방법1 10. 성품교육의 실제 　－12가지 주제성품의 개관 및 정의 외우기 　－12가지 주제성품 집중교육 11. 성품교육 레슨 플랜 작성 훈련 12. 사례연구 적용 계획 13. '좋은나무 성품학교' 정체성 및 　이후 활동 방법 안내

2단계	인턴십 과정	1. 인턴 다이어리 작성
		  - 성품 일기 작성(주 1회)
		  - 주제성품으로 적용해 본 사례 일지 작성
		  - 성품 레슨 플랜에 의하여 작성한 성품교육 적용 방법 및 평가
		2. Own project 발표
		  - 주제성품에 해당되는 부교재 및 교안 작성 훈련
		  - 창의적인 수업 방안이나 행사 연구
		3. 성품 필독서

3단계	임상실험 적용 및 발표	임상 사례 연구방법 및 개인 프로젝트 발표
		  - 6개월간 성품 적용 사례 발표
		  - 인턴과정 후 과제물 제출
		  - 개인의 창의적인 프로젝트 제출 및 발표

성품교육의 Q&A

● ● ● 좋은 성품이란 무엇일까요?

좋은 성품이란 "자신이 속한 환경이 어떠하든지 항상 옳은 것을 선택할 수 있는 결단력이다."라고 정의할 수 있습니다.

즉 좋은 성품은 누구에 의해서 좌우되기보다는 스스로가 내적인 동기 유발이 되어 어떠한 상황에서도 최고의 행동기준에 따라 옳은 일을 바르게 행할 수 있는 능력을 말합니다.

또한, 좋은 성품은 나이나 지위, 재력과 인종, 교육수준과 성별, 종교, 개성을 초월하여 자기 안에 새겨진 능력이며 스스로 마음속에서 우러나오는 자기 결단에 따른 반응입니다.

● ● ● 성품 계발은 어떻게 해야 합니까?

일레노 루즈벨트가 이야기한 것과 같이 "성품 계발은 유아에서 시작되어 생의 마지막까지 계속되는 가장 위대한 작업"입니다.

좋은 성품은 우연히 이루어진 것이 아니며 항상 그리고 순간순간 결단에 의해 이루어진 각자의 삶에 새겨진 자질입니다. 그러므로 좋은 성품을 계발하기 위해서 부모와 교사는 무엇보다 우선순위로 놓고 열심히 가르쳐야 되는 가장 중요한 자질입니다. 자녀의 성품 계발을 위해서는 다음의 방법들을 사용해 보세요.

첫째, 성품의 정의를 강조해 주세요.

모두가 알고 이해할 수 있도록 성품을 정의해 주어야 합니다.

새로운 행동을 유발하기 위해서는 새로운 지식을 인지할 수 있도록 하는 선행 작업이 필요합니다. 각 사람의 인지 속에 좋은 성품의 정의를 이해가 가도록 강조해 줍니다.

둘째, 여러 가지 활동을 통하여 주제성품을 재미있고 다양한 방법을 활용해 주제 학습을 실천해 보세요.

어린이들의 마음속에 성품을 배우는 것은 재미있고 행복한 경험이 되도록 지도하는 것이 필요합니다.

어린이의 감정에 호소된 감동적인 경험은 강력한 동기 유발이 되어 새로운 행동을 결단하고 지속하게 하는 힘이 됩니다.

셋째, 실제로 행동에 옮겨 성품을 반복하여 연습할 수 있는 기회를 제공해 주세요.

아무리 좋은 성품을 배워도 실제로 적용해 보지 않는다면 소용이 없습니다. 이 시대의 문제가 지식은 많이 배우나 실제의 삶에 적용이 없는 지식으로 머릿속에서만 존재한다는 사실입니다.

그러므로 모든 부모와 교사가 먼저 좋은 성품을 자신에게 적용해 보고 그것을 어린이들에게 가르치는 것이 중요합니다. 그리고 어린이들에게 실제로 좋은 성품을 연습해 보는 기회를 주어 그 성품이 습관이 되고, 그것이 바로 성품이 되도록 반복해 보는 시간을 주어야 합니다.

넷째, 성품훈련을 해도 되고 안 해도 되는 것이 아니라 모든 사람이 해야 하는 필수적인 것으로 강조해 주세요.

가정이나 교육공동체에서 성품의 정의를 강조하며 그 기준을 서로서로 지키게 하는 것이 중요합니다. 어른들은 모든 면에서 성품의 모범을 보이는 것이 중요한 성품교육이 됩니다.

어린이들은 어른의 모델링을 통해서 가장 강력하게 배울 수 있기 때문입니다. 또한 잘못된 태도를 발견하면 시정할 수 있도록 정확하게 지적해 주어야 합니다.

다섯째, **좋은 성품을 발견하고 격려해 주세요.**

이제 칭찬의 방법을 바꾸어야 합니다. 그동안 해 왔던 성과 위주의 칭찬이 아닌 성품 위주의 칭찬으로 바꾸어 격려해 주십시오.

그리고 좋은 성품을 발견하면 공개적으로 칭찬하는 시간을 갖는 것이 효과적인 격려가 됩니다.

"교육의 10분의 9는 격려이다."

－아나톱 프랑스

● ● ● ● 좋은 성품은 어떻게 나타날까요?

■ 좋은 성품은 위기 때 나타납니다.

어려운 상황이나 삶의 압박 때 대처하는 그 모습이 바로 그 사람의 성품입니다. 아무도 모를 것 같은 상황에서 보이는 우리의 행동이 바로 우리의 성품이 되는 것입니다. 그 사람에게 좋은 성품이 있다면 다른 사람에게도 그대로 나타나는 법입니다.

좋은 성품은 숨겨지지 않고 그대로 드러나는 특성이 있습니다. 그래서 성품은 보이는 것이며 특히 위기 때 더 잘 알 수 있는 것입니다.

■ 좋은 성품은 그 사람의 생각, 말, 행동으로 나타납니다.

그 사람의 생각, 말, 행동이 바로 그 사람의 성품입니다.

어떻게 생각하는가? 그리고 어떻게 말하고 행동하느냐가 바로 그 사람의 성품입니다. 그러므로 좋은 성품은 갑자기 하루아침에 우연히 만들어지는 것이 아닙니다.

평상시에 자신의 생각을 좋은 생각으로 가꾸고, 좋은 말과 행동이 되도록 자신의 태도를 늘 좋은 선택으로 갈고 닦을 때만 좋은 성품을 소유하게 되는 것입니다.

"종말로 형제들아 무엇에든지 참되며 무엇에든지 경건하며 무엇에든지 사랑할 만하며 무엇에든지 칭찬할 만하며 무슨 덕이 있든지 무슨 기림이 있든지 이것들을 생각하라."
– 빌립보서 4장 8절

■ 좋은 성품은 인간관계에서의 성공으로 시작하여 삶의 여러 영역에서 아

름다운 열매로 증거됩니다.

　좋은 성품은 사람들 사이에서의 여러 가지 증거로 나타나집니다. 사람들은 좋은 성품의 지도자 세우기를 기뻐합니다.

　좋은 성품의 지도자 옆에는 많은 사람들이 그를 추종하며 항상 좋은 사람들이 모여 있게 마련입니다. 같은 병을 앓고 있는 사람끼리 서로 가엾게 여긴다는 뜻으로 동병상련이라는 말이 있지요. 같은 사람끼리 모여 살려 하는 것이 사람들의 심리입니다. 그리고 좋은 성품의 지도자는 사람들을 옳은 길로 인도하는 역할을 기뻐합니다.

"지혜 있는 자는 궁창의 빛과 같이 빛날 것이요. 많은 사람을 옳은 데로 돌아오게 한 자는 별과 같이 영원토록 비춰리라."
　　　　　　　　　　　　　　　　　　　　　　　－ 다니엘 12장 3절

　또한 좋은 성품을 소유한 사람들은 자신이 속한 삶의 영역에서 좋은 성품으로 인해 이루어 낸 아름다운 열매들을 많이 지켜볼 수 있답니다.

"좋은 나무마다 아름다운 열매를 맺나니…"
　　　　　　　　　　　　　　　　　　　　　　　－ 마태복음 1장 17절

● ● ● ● 좋은 성품의 계발은 어떤 유익이 있을까요?

첫째, 자신의 잠재력을 극대화하게 됩니다.

사람들이 자신의 잠재력을 최대한으로 계발하기 위해서는 자신의 삶 속에 좋은 성품을 계발하는 것이 가장 필요합니다.

좋은 성품을 소유한 사람만이 자신의 삶을 성공으로 지속시킬 수 있는 능력이 있답니다.

둘째, 긍정적인 학업 분위기가 조성됩니다.

많은 연구에 의하면 학생들이 좋은 성품을 소유하게 되면 학습태도가 좋아지고 학업성적이 향상된다고 나타난 바 있습니다.

다른 사람의 말을 주의 깊게 듣는 경청하는 성품이 있고, 자신을 절제하며 인내하고, 자신이 해야 할 책임이 무엇인지 알며 창의성 있게 임무를 수행할 수 있는 그 모든 능력이 바로 좋은 성품이기 때문입니다.

셋째, 안전한 학교와 사회 문화가 이루어집니다.

최근에 초등학교 3학년 학생이 식칼을 가지고 학교로 가서 그동안 자신을 괴롭혀 온 아이를 무차별로 찔러 가해를 한 사건이 일어나 많은 사람들을 경악시켰습니다. 수많은 부모와 학생들이 무서워서 학교에 가지 못하는 실정이 되어버린 것은 비단 어제 오늘만의 이야기는 아닙니다. 습관처럼 "왕따" 문화가 학교와 사회에 번져 나가고 있습니다.

이는 성품교육의 부재가 원인이라고 전문가들은 사건이 터지기만 하면 앞 다투어 이야기합니다. 좋은 성품을 계발할 때 학교와 사회 문화가 안전해집니다.

넷째, **가정이 세워집니다.**

이 시대 최대의 위기가 바로 가정이 깨어지는 것입니다.

너무나 많은 가정이 흔들리고 있으며, 이미 깨어진 채 수습 불가능의 상태가 되어 자라나는 어린이들의 가슴에 지울 수 없는 상처로 자리 잡고 있는 것입니다.

가정의 위기는 바로 성품의 위기가 원인입니다. 좋은 성품이 없는 가정생활은 삶의 위기를 가져옵니다.

다섯째, **사회와 국가가 안정됩니다.**

좋은 성품으로 세워진 가정은 사회와 국가를 안정되게 합니다.

좋은 성품으로 회복된 가정의 구성원이 좋은 사회와 문화를 형성하고 강력한 국가의 안정을 가져옵니다.

한 국가의 번영은 군사력과 재력, 다른 어떤 것에 있지 않고 그 나라의 국민이 얼마나 고결한 인격인가에 달려 있다고 한 마틴 루터의 말이 절실하게 다가옵니다.

● ● ● 칭찬으로 성품을 계발하는 방법을 알고 싶어요

모든 사람은 칭찬받기를 바라고 있습니다. 칭찬은 화분에 물을 주는 것과 같이 생생한 생명력을 사람들에게 나누어 주는 가장 강력한 기술입니다. 그러므로 우리는 바르게 칭찬하는 방법을 배워야 합니다.

잘못된 칭찬은 오히려 쓴 뿌리를 심어주는 것과 같이 치명적인 걸림돌이 되기 때문입니다.

다음은 바람직한 칭찬 10계명입니다.

1. 성취한 성과뿐만 아니라 성품을 칭찬하세요.

성취 혹은 성과 위주의 칭찬은 지나친 우월감이나 지나친 열등감을 갖게 되는 원인이 되기도 합니다. 평가를 받는 기분이 드는 칭찬은 오히려 좋은 성품을 계발하는데 방해가 된답니다.

"백점을 받다니 잘했구나."라고 말하는 것보다 "네가 선생님의 말씀에 경청하고 인내하며 공부한 결과로 백점을 받았구나."라고 말씀해 주시면 성품을 칭찬하고 격려한 좋은 예가 되겠습니다.

2. 좋은 칭찬을 하기 위해서는 다른 사람의 행동과 태도를 주의하여 잘 관찰해 보세요.

다른 사람의 좋은 성품을 발견하여 칭찬을 잘하기 위해서는 늘 주위를 관찰하며 세심하게 살펴보아야 합니다. 적시에 잘 맞는 칭찬을 해줄 때 그 사람의 성품이 더 계발되는 순간이 됩니다.

3. 자녀의 부족한 성품을 칭찬으로 격려해 주세요.

자녀에게 꼭 필요한 성품이 계발되기를 원한다면 부족한 성품을 초점으로 잡아 칭찬해 주세요. 신기하게도 어린이들은 야단치는 대로 변하지 않고 칭찬하는 대로 변한답니다.

계발되기를 원하는 성품을 칭찬해 주세요.

4. 시간을 정해 놓고 칭찬해 주세요.

특별히 칭찬하기로 마음먹고 칭찬합시다.

당신의 가정 안에 정기적인 칭찬의 날을 만드세요. 생일이나 어느 특정한 날을 정해 놓고 '칭찬하는 날'로 결정하세요. 그리고 그 날은 온 식구들이 모여서 칭찬의 선물을 한 아름 선물하는 아름다운 추억의 시간을 만끽하여 보시기 바랍니다. 가정은 추억의 박물관이 되어야 합니다. 훗날 우리 자녀들이 온 식구들이 모여 칭찬하던 그 추억으로 인해 마음이 항상 따뜻한 사람이 되고 어떤 시련이 와도 넉넉히 이기는 사람이 될 것입니다.

5. **결과보다 과정을 칭찬하고 그 동기를 살펴서 칭찬하세요.**

많은 사람들이 일의 결과를 놓고 사람을 평가합니다. 그러나 그 일의 평가 전에 숨겨진 태도와 노력을 칭찬하세요.

그리고 선한 마음으로 시작한 동기를 살펴서 칭찬해 주신다면 그 사람은 영원히 당신의 지지자가 될 것입니다.

6. **교정 전에는 칭찬하지 마세요.**

교정을 하기 위해서 서두로 칭찬을 꺼낸다면 효력을 상실한 칭찬이 됩니다. 교정과 칭찬은 엄연히 구분해야 할 일입니다. 교정하기 전에 의미 없는 칭찬을 한다면 아무 소용이 없는 칭찬이 된다는 것을 기억하세요.

7. 성품의 특성과 정의를 대면서 칭찬하세요.

예를 들면 "감사란 다른 사람이 내게 해 준 일들에 대해서 고마움을 말과 행동으로 표현하는 것인데, 네가 이렇게 감사 카드를 정성껏 만들어서 내게 고마움을 표현해 주니까 네 감사하는 성품이 하늘만큼 자란 것 같아 내 마음이 무척 기쁘구나." 이렇게 말입니다.

8. 칭찬을 배가시키세요.

칭찬을 어떻게 배가시킬 수 있을까요?

어떤 사람이 당신에게 칭찬을 한다면 겸허와 감사로 살짝 비켜 나가 보세요.

"뭘요. 그저 저는 선배님이 가르쳐 주신대로 한 것뿐인데요." 이렇게 말하는 당신을 모든 선배가 사랑할 것이고, 그 칭찬은 다른 사람에게까지 전달되어 배가 되는 기쁨을 맛보게 된답니다.

9. 단지 아첨으로 칭찬하지 마세요.

우아하다는 말을 들어보셨나요? 저의 남편이 잘 쓰는 말인데 '우라지게 아첨한다.'는 말을 줄여서 우아하게 사용한 말이랍니다. 아첨은 숨겨진 동기를 가지고 과장하는 칭찬을 말합니다. 아첨으로는 사람을 바르게 격려하지도 못하고 좋은 관계를 지속할 수 없답니다.

10. 칭찬의 방법을 다양하게 하세요.

창조적으로 칭찬하는 방법을 찾아보세요.

감사편지나 특별한 말로, 그리고 감사장이나 감사패로 당신만의 독특한 방법으로 칭찬해 보세요. 혹은 광고로 읽는 특별한 칭찬이 당사자에게는 더 없이 귀중한 격려가 될 것입니다. 또는 공개적인 칭찬으로 그 사람을 격려할 때 큰 동기유발이 된답니다.

> **Tip 성품을 칭찬하는 3단계** ■ ■ ■
>
> 1단계 : 칭찬할 성품의 정의를 말해 줍니다.
> 칭찬하고 싶은 성품의 정의를 찾아서 이야기해 줍니다.
>
> 2단계 : 칭찬하고 싶은 행동을 구체적으로 설명해 줍니다.
> 그 성품이 어떻게 그 사람의 행동으로 나타났는지 구체적으로 표현해 줍니다.
>
> 3단계 : 그 성품으로 인해 어떤 유익이 있었는지를 설명해 줍니다.
> 그 사람의 성품으로 인해 당신과 혹은 다른 사람에게 어떤 유익이 있었는지를 말해 줍니다.

예를 들면 이렇게 합니다.

"배려란 나와 다른 사람, 그리고 환경에 대하여 사랑과 관심을 갖고 잘 관찰하여 보살펴 주는 것인데 네가 환경을 배려하는 마음으로 쓰레기를 버렸구나. 너의 그 배려하는 마음으로 내 마음까지 깨끗해진 것 같아. 참 고맙구나."

● ● ● 성품으로 훈계하는 방법을 가르쳐 주세요

성품의 원리로 훈계하는 방법은 효과적이고 바람직한 해결책을 제시합니다.

훈계의 방법은 다음과 같습니다.

첫째, **훈계는 문제가 생긴 그 즉시 해야 합니다.**

아이의 잘못된 성품이 보이면 그 즉시 시정하게 해 주세요.

다음으로 밀어 두시거나 차차 나아지겠지 하는 생각의 막연한 기대를 걸지 마시기 바랍니다. "어른에게 그렇게 말하는 것은 나쁜 태도란다. 겸손한 모습이 아니구나." 이렇게 바로 잘못된 태도를 지적해 주시는 것이 좋습니다.

지난 일을 꺼내서 이야기하시면 아이는 이미 잊어버린 일을 가지고, 바른 훈계를 할 수가 없습니다. 시간이 지나면 아무리 잘못된 일도 본인은 최소화하려는 경향이 있기 때문입니다.

둘째, **화를 내거나 때리면서 교정하지 마세요.**

훈계하는 사람이 화를 내며 말하면 아이는 본능적으로 자기를 방어하게 된답니다. 그래서 더 화를 내든지 변명을 하려 들기 때문에 잘못을 인정하지 않으려는 경향이 있습니다. 차분한 어조와 이성적인 태도로 일관성 있게 지도하세요.

부모나 교사가 예민한 상태에서는 아이의 문제를 해결하려 하지 말아야 합니다. 훈계는 충분히 이성적이고 평온한 상태에서 진행하여야 합니다.

셋째, **공개적으로 훈계하지 마세요.**

공개적으로 꾸중하면 아이는 모욕감이 들어 더 큰 반항심을 갖게 된답니다. 개인적으로 은밀하게 아이의 인격을 존중하면서 훈계하세요.

넷째, **책임감을 느끼는 말을 사용하세요.**

"너 왜 그랬니?"라고 물으면 변명하고 싶은 마음이 듭니다. "네가 무엇을 했지?"라고 물으면 자신이 한 일에 대한 반성과 책임을 자극하게 된답니다.

다섯째, **무엇이 문제인지 정확한 원인을 살펴봅니다.**

- 아이에게 무엇이 잘못되었는지 알 수 있도록 정확한 지침을 주었는지 살펴봅니다.

- 지금 꾸중 받고 있는 이유를 분명히 인식하고 있는지 확인해 봅니다.

- "지금 네가 무엇을 잘못했는지 알고 있니?"라고 아이에게 물어 보세요.

- 지금의 가르침이 아이가 이해할 수 있는 수준인지를 확인해 보세요.

- 아이를 꾸중하기 전에 이것이 아이의 실수에서 비롯된 것인지, 혹은 고의적인 행동인지, 우발적인 행동인지, 아니면 고집으로 일관된 반항인지를 살펴야 합니다.

  실수일 때는 너그럽게 받아주면서 옳은 행동을 가르쳐야 하며, 우발적인 실수에서 나온 행동이라면 용서해 주어야 합니다. 그러나 고의적인 행동으로 권위에 대한 불순종이라면 엄격하게 다루어야 합니다.

- 불순종의 문제는 아이가 어린 시절부터 주의 깊게 다루어야 하는 중요한 문제입니다.

  필자의 저서 「0~3세 교육 평생 간다」(2006)에서 어린이의 순종하는 성품을 가르치기 위한 방석훈련을 소개해 봅니다.

방석훈련

아기가 5~6개월이 되면서부터 실천할 수 있는 프로그램이다.

아기에게 일찍부터 순종의 성품을 가르칠 수 있고 자기 절제력을 키우는데 도움이 된다. 또한 아기의 안전을 지키는 데도 도움이 된다.

훈련 방법은 아기를 방석에 앉히고 "지금부터 엄마와 함께 방석훈련을 할거란다. 5분 동안 이 방석에서 나오면 안 돼. 이 방석에서만 놀 수 있단다. 방석 밖으로 나오면 벌이 있어요."라고 말하고 방석 밖으로 손이나 발이 나올 때마다 회초리로 살짝 치는 것이다.(이때 문방구에서 파는 글루스틱이 회초리용으로 적당하다.)

처음에는 5분, 10분, 15분으로 점점 늘려가며 하루에 3~4회 반복적으로 훈련하고 훈련기간은 3개월간 실시한다.

이 훈련이 아기에게 익숙해지면 엄마가 집안일을 할 때, 손님이 와서 이야기할 때, 아기는 한 시간이라도 밖으로 나오지 않고 안전하게 방석에서만 놀 수 있다.

이 훈련에 익숙해진 아기는 후에 식당에서나 교회에서 혹은 기타 공공장소에서 한 자리에 오래 앉아 있을 수 있게 된다. 이때 좋아하는 책을 읽게 해준다든지 조용히 앉아서 놀 수 있는 어떤 활동을 제공해 주는 것이 좋다. 또한 아기가 성취감을 맛볼 수 있도록 완수했을 때 많이 칭찬하고 격려하는 것을 잊지 않도록 주의한다.

여섯째, 양심에 호소하세요.

많은 부모들이 훈계를 자녀들의 육체나 혹은 의지, 감정에 호소하는 경향이 있습니다.

그러나 가장 효과적인 훈계는 양심을 자극하는 훈계입니다.

■ 의지에 호소하는 예

잘못을 반복하지 않도록 결심을 유도하려고 노력하지만 효과가 없다.

"너는 그것을 더 잘할 수 있잖아?"

"너 다음에 어떻게 할래? 더 잘할 거야? 아니면 그냥 그렇게 살래?"

■ 감정에 호소하는 예

"네가 그렇게 하면 다른 사람의 가슴에 못을 박는 일이라는 거 몰랐니?"

"그 사람이 얼마나 슬프겠는지 느껴 봤니?

■ 육적인 것에 호소하는 예

"네가 맡은 일을 완수할 때까지 너는 아무 곳도 갈 수 없어."

"한 주 동안 너를 정학시키겠다."

"너 10대 맞아야겠구나."

■ 양심에 호소하는 예 (가장 효과적이고 미래지향적인 호소)

"네가 그렇게 한 것이 정확한 것이니? 진실이었어?"

"네가 한 그 행동이 진정한 순종일까?"

"진정한 절제력을 발휘한 일이었니?"

"네 책임을 다한 일이라고 생각이 드니?"

일곱 째, 아이의 외적 행동은 내적인 태도의 결과라는 것을 인지하세요.

예) 숙제를 제출하지 않는 행동 = 책임의 성품문제

수업시간에 산만한 행동 = 경청의 성품문제

어른의 지시를 따르지 않는 행동 = 순종의 성품문제

자기만 아는 이기적인 행동 = 배려의 성품문제

* 좋은 행동을 기대한다면 성품을 가르쳐야 합니다.

여덟 째, 용서로 관계를 회복하세요.

모든 교정 뒤에는 아이가 입으로 직접 용서를 구하게 하고 입으로 용서해 주는 회복의 관계가 반드시 있어야 합니다.

마음속으로 잘못을 느끼고 있다고 성공한 훈계가 되는 것이 아닙니다. "마음으로 믿어 의에 이르고 입으로 시인하여 구원을 얻는다."(로마서 10장 9절)라는 말씀처럼 입으로 시인하는 과정이 있어야 합니다. 서로 입으로 시인하여 용서를 주고받을 때, 사람의 말에는 권세가 있어서 마음속의 깊은 상처들을 치유하게 됩니다.

아홉 째, **결과에 따른 보상을 치르게 합니다.**

자신이 한 일에 결과가 있다는 것을 알게 하는 과정입니다. 잘못된 일에 대한 훈계를 했다면 이제 일어나 나가서 자신이 한 일에 대한 책임을 지게 가르쳐야 합니다. 거짓말을 했다면 그 사람을 찾아가서 진실을 말하게 하고, 남의 물건을 훔쳤다면 용서를 구하고 돌려주는 행위가 따라야 합니다. 유리창을 깼다면 용서를 구하고 값을 지불하게 하십시오. 그런 과정을 통해서 진정한 회복의 기쁨과 책임감을 배우게 될 것입니다.

PART **02**

실천편
– "배려"성품을 중심으로

이기적인 아이, 배려하는 아이로 키우려면…

● ● ● 이기적인 아이, 왜 그럴까요?

우리나라는 1962년부터 인구 억제를 위해 정부에서 가족계획 캠페인을 벌였습니다. 1960년대에는 "덮어 놓고 낳다 보면 거지꼴을 못 면한다."는 섬뜩한 문구가 실려 있었고, 경제발전의 불을 당긴 1970년대에는 "딸, 아들 구별 말고 둘만 낳아 잘기르자."라는 캠페인도 있었지요. 1980년대에는 "하나씩만 낳아도 삼천리는 초만원이다."라는 캠페인을 정부가 앞장서서 내걸었습니다. 그 결과 1983년에는 출산율이 2.1명으로 낮아

졌고, 85년에는 1.67명, 급기야 2002년에는 1.17명으로 세계 최저 수준으로 줄었습니다. 최근에는 세 명의 자녀를 데리고 다니는 젊은 부모들이 신기하게 생각될 정도가 되어버렸습니다. 그런데 이제 지금까지의 저출산 현상이 심화되자 장차 국가의 경쟁력을 떨어뜨리는 부정적 요인으로 작용하게 될 것을 심각하게 염려해야 할 형편에 처해졌습니다. 이제 세 자녀 출산을 장려하며 정부 차원에서 출산장려금까지 준다고 하니 불과 20여 년 동안 변해도 너무 변한 게 사실입니다.

그런데 그동안 우리사회의 급격한 핵가족화와 외동아이의 출현은 자녀의 사회성과 성격 형성에 많은 영향을 미쳤던 것이 사실입니다. 왜냐하면 사회성이란 다른 사람과의 접촉으로부터 시작되기 때문입니다. 할아버지, 할머니와 함께 삼대가 가족의 구성원을 이루던 옛날과는 달리 현대의 가족 구성원은 부모와 자녀간의 구성원으로 되어 있을 뿐이고 또한 마을 단위, 부락 단위로 공동체가 형성되었던 옛날과는 달리 이웃집에 누가 사는지도 잘 모르는 개별가구 단위가 현대사회의 특성이 되었습니다. 이러한 시대에 사는 아이들이 사람들과의 접촉에 익숙할 리가 없지요. 따라서 사회성이 떨어지는 것은 어쩌면 당연한 현상일지도 모르겠습니다. 그리고 사람과의 관계성에 익숙하지 않은 우리 자녀들이 자칫하면 이기적인 성격의 아이로 자랄 수 있게 됩니다.

▶ ▶ ▶ **사회성이 부족한 원인**

다른 사람을 배려하지 못하는 원인으로는 어린이가 사회성이 부족하기 때문입니다.

사회성이 부족한 아이들은 또래 친구들과의 관계는 물론, 학습태도에도 많은 문제점을 나타냅니다. 이러한 문제점을 해결하기 위해서 우선 사회성 부족의 유형을 크게 세 가지로 나누어 살펴볼 수 있습니다.

첫째, 인지발달이 늦어 나이에 비해 자기중심적인 사고에서 벗어나지 못하는 경우.

둘째, 외동아이로 자라면서 자기 마음대로 하는 것이 습관으로 굳어 다른 사람을 배려할 줄 모르는 경우.

셋째, 심리적 욕구 충족이 되지 않아 항상 피해의식을 지니는 과잉방어 형태인 경우로, 이기적인 양상을 가질 때도 있습니다.

이처럼 사회성이 부족한 원인이 다양한 만큼 이에 따르는 근원적인 도움이 필요하며 인지발달이 부족한 경우에는 정확한 평가를 거쳐서 부족한 발달부분을 촉진시키는데 신경을 써야 합니다. 또한 외동아이로 자라면서 자기 마음대로 하는 것이 습관으로 굳어져 다른 사람을 배려할 줄 모르는 경우에는 아이가 한 잘못된 행동을 다른 사람이 어떻게 느끼는지 설명해 주고 납득할 수 있도록 가르쳐야 합니다. 항상 받기만 하고 베푸는 경험이 부족한 경우는 다른 사람의 기분을 이해하는 능력부터 길러주어야 합니다. 예를 들어 "네가 동생을 생각해 양보해 주니 참 고맙구나."라는 말을 자주 들려주는 것도 좋은 방법입니다. 칭찬만큼 우리 아이들의 교육효과를 높이는 방법도 없습니다. 그리고 자신의 좋은 행동이 다른 사람에게 기분 좋은 영향을 끼친다는 것을 알게 되면 더욱 좋은 행동을 하려고 노력하게 됩니다.

심리적 욕구 충족이 되지 않아 피해의식이 크다면 이기적인 행동을 나무라기 전에 욕구불만이 무엇인지 살펴보는 지혜가 필요합니다. 또한 아이들의 이기적인 행동은 부모를 보며 닮기도 하고, 무엇보다 부모가 자녀들의 욕구를 무조건 들어주는 그릇된 양육방법 때문임을 명심해야 합니다. 부모가 아이가 원하는 것을 들어주지 못할 때는 아이가 이해할 수 있도록 아이의 눈높이에 맞게 타당한 이유를 반드시 설명해 주는 것이 좋습니다.

▶ ▶ ▶ **정서적으로 안정된 아이는 배려하는 성품으로 발달합니다.**

정서적으로 안정된 아이는 불안감이 없고 사회생활 전반에 안정감이 있어 다른 사람을 배려하는 사람으로 성장합니다. 정서적으로 안정된 아이가 되게 하기 위해서는 이렇게 해 보세요.

첫째, **자주 스킨십을 해 줍니다.**

부모와 아이의 교감은 무척이나 중요합니다. 아이가 태어나면서 최초로 접촉하는 대상이 부모이기 때문에 그 중요성은 이루 말할 수 없습니다. 우선 아이를 자주 안아주고 마사지를 해 주면서 정서적인 교감을 나누어 주십시오. 스킨십을 자주 해 주면서 키운 아이는 마음이 건강하게 자랍니다.

피부를 통한 접촉은 아이에게 안정감을 주는 심리적 비타민입니다. 피부는 제2의 뇌라고 할 수 있을 정도로 많은 것들을 손이나 피부 접촉을 통하여 흡수합니다.

부모와 자녀간의 스킨십은 '내가 너를 사랑하고 자랑스러워하고 있다.'는 강력한 메시지를 전달해 주고 있는 것입니다.

둘째, **즐겁게 생활하게 해 줍니다.**

재미를 추구하는 것은 인간의 본성입니다.

재미있는 활동을 하고 즐겁게 생활하게 해 줄 때 아이들은

심리적인 만족감이 들어, 짜증내고 다른 사람을 괴롭히는 일
들은 재미없어 하지 않게 되겠지요?

아이에게 스트레스를 많이 주면 아이는 불안해지고 부정적
인 행동이 나옵니다. 되도록 아이에게 풍성한 애정을 주고 즐
거운 생활을 할 수 있도록 도와줍시다. 특히 아이가 좋아할
만한 것을 배우게 하는 것도 좋은 방법이지요. 가령 피아노나
그림 그리기 같은 정서적인 안정을 얻을 수 있는 취미를 길러
주는 것도 좋습니다. 즐거움을 아는 사람은 사회생활도 즐겁
게 한다는 사실을 우리는 잘 알고 있습니다.

셋째, **칭찬을 많이 해 줍니다.**

작은 것이라도 칭찬을 자주 해 주면 아이들은 자신감을 갖
게 됩니다. 칭찬을 자주 하게 되면 아이의 마음이 열리고 스
스로 할 수 있다는 강한 믿음을 심어주게 됩니다. 자신감이야
말로 아이가 앞으로 성장해 갈 수 있는 가장 큰 원동력이 되
고 중요한 사회성이 됩니다.

넷째, **감정을 자유롭게 표현할 수 있게 해 줍니다.**

아이가 좋은 것은 좋다고 하며, 싫은 것은 싫다고 말하며
자신의 의사를 정확하게 표현할 수 있게 해 주어야 합니다.

특히 싫은 것에 대해서 확실하게 말할 줄 아는 것이 중요합니다. 아이의 감정을 부모가 수용해 주고 존중해 주는 분위기에서 자란 아이는 더 안정감이 있고 심지가 견고한 아이로 성장하게 됩니다. 그리고 자신의 감정을 존중받아 본 사람이 다른 사람의 감정을 존중하게 됩니다.

다음은 이기적인 아이들의 구체적인 사례를 통하여 이기적인 아이들을 어떻게 교육할 것인지를 살펴보기로 하겠습니다.

사례 1　　자기 물건에는 손도 못 대게 하는 아이

장난감을 사주면 동생에게는 만지지도 못하게 하고, 무엇을 해도 자기가 가장 먼저 해야 하는 아이를 어떻게 교육할까요?

첫째, 엄마가 흥분하는 것은 절대 금물입니다.

규칙을 지키지 않고 떼를 쓰는 아이를 처음에는 달래고 설득해 보지만 말이 통하지 않을 때 결국 엄마도 화를 내게 됩니다. 하지만 화를 내거나 "너 계속 그런 행동을 하면 친구들이 싫어할 거야."라고 위협해서 행동을 고치려고 하면 안 됩니다. 이런 분위기에 익숙한 아이는 엄마가 화내지 않을 때 똑같은 행동이 반복되고 말기 때문입니다. 아무리 화가 나더라도 엄마의 흥분부터 가라앉힌 다음 아이를 반복해 설득하면서 아이의 행동이 바뀔 때까지 지켜봐야 합니다. 절대로 큰 소리를 내거나 흥분하지 마십시오. 아이를 키울 때 부모에게는 인내심이 절대적으로 필요하지요.

둘째, 규칙을 이해하기까지 기다려 줍니다.

아이가 어릴 때는 아직 규칙을 잘 이해하지 못합니다. 아이가 순서를 무시하면 일부러 규칙을 어기려 하고 욕심이 많다고 고민하기도 하는데, 그렇게 생각할 필요가 없습니다. 4세나 5세가 되어야 순서, 차례 등을 이해하게 됩니다. 그때까지 엄마들이 인내심을 가지고 아이들을 대해야 합니다. 그리고 성품을 가르치면 됩니다. 배려의 성품은 나를 배려하고 다른 사람을 배려하고 환경을 배려하는 것인데, 규칙을 지키는 것이 바로 그 환경에 대한 배려입니다.

셋째, 물건의 사용 순서를 정해 줍니다.

오락기나 컴퓨터 등 공동으로 쓰는 물건은 순서를 정해 두고 사용하는 습관을 들입니다. 이런 습관이 생기면 다른 사람이 함께 사용하는 것을 자연스럽게 받아들이게 되지요. 그래도 독점하려고 할 때는 이 물건을 아이가 사용하지 못하게 치워 두었다가 나눠 쓸 방법을 아이와 함께 결정한 다음에 돌려주도록 합니다.

사례 2　무엇이든지 자기 것이라고 막무가내로 우는 아이

동생의 물건이나 친구들의 물건을 자기 것이라고 우기며 만지지도 못하게 하는 아이를 어떻게 할까요?

첫째, 장난감을 맞바꿔 봅니다.

다른 아이의 물건을 갖고 오거나 자기 것이라고 우기는 아이라면 그 아이가 가장 소중히 여기는 장난감을 다른 아이에게 줘 봅니다. "이 장난감은 저 친구가 제일 좋아하는 거래. 네가 친구 것을 가졌으니까 친구에게는 네가 아끼는 것을 줘야 공평하지?"라고 말해 줍니다. 아이가 가져온 물건을 돌려준다면 성공하는 것이겠지요? 돌려주지 않고 맞바꾸기를 원한다면 그대로 해도 좋지요. 처음부터 만족스러운 행동을 보일 수는 없지만 이러한 행동을 반복하다 보면 어느 순간 아이가 자신의 잘못된 행동을 알게 될 것입니다.

둘째, 다른 사람의 물건을 존중하게 합니다.

엄마만의 물건이 있다면 "이것은 엄마 물건이야. 이 물건을 너와 함께 쓰기를 원하지 않는다."라고 아이에게 말해 줍니다. "안 돼. 만지지 마."라고 화내는 것이 아니라 만지지 않기를 바라는 엄마의 의사를 정확하게 밝히는 것이 좋습니다. 남의 것, 나의 것을 따지면 자기 물건에 더 집착하지 않을까 하고 걱정할 필요는 없습니다. 그보다는 다른 사람의 소유물을 존중해야 한다는 배움을 얻게 될 것입니다.

셋째, 아이에게 "넌 이기적이다."라고 단정하지 마세요.

아이를 향해 "넌 왜 이렇게 욕심이 많니?"라고 하거나 다른 사람들에게 "우리 애가 혼자 자라서 좀 이기적이에요."라는 식으로 단정지어 말하지 마세요. 욕심이 많아서가 아니라 소유 개념을 아직 모르거나 관심을 가져 주기 바라서 하는 행동이기 때문일 수도 있기 때문입니다. 혹은 실제로 욕심이 많다고 해도 아이 앞에서 이렇게 말하는 것은 아이의 마음에 상처를 주기도 하고, 이런 표현이 암시가 되어 점점 이기적으로 행동할 수 있기 때문입니다.

끝없이 말썽을 피우며 엄마가 자신에게만 관심을 쏟게 하는 아이는 어떻게 할까요?

첫째, 관심을 바라는 아이의 의도를 파악해야 합니다.

말썽을 일으키고 떼를 쓰는 행동을 야단쳐서 그치게 하는 것은 효과가 없습니다. 관심을 끌려고 하는 아이의 의도가 무엇인지 알아야 합니다. 그 마음을 알아주는 것으로도 아이는 위로를 받기도 합니다. "친구를 칭찬해서 서운했구나? 친구가 아무리 예뻐도 엄마는 너를 제일 사랑해."라는 말을 자주 해 주어 아이가 엄마의 사랑을 확인할 수 있도록 해야 합니다. 아이들은 무엇보다 엄마와의 친밀감 속에서 안정을 찾을 수 있지요. 훈육도 그런 안정된 상태에서 시작할 수 있는 것입니다.

또한 부정적인 태도로 관심을 끌려고 할 때는 그의 의도를 파악해서 좋은 태도로 바꾸어야 요구를 들어준다고 말하십시오. 그래서 부정적인 태도는 자연스럽게 소멸하고 긍정적인 태도는 습관이 될 수 있도록 지도합니다.

둘째, 상황을 설명하고 도움을 요청하세요.

요구만 하면서 짜증내는 아이에게 엄마의 상황을 분명하게 이야기합니다. 아이의 요구대로 양보만 해서는 악순환이 계속될 뿐입니다. "엄마도 너하고 놀고 싶어. 하지만 지금은 청소를 마저 해야 해."라며 아이의 협조를 부탁하는 것도 좋습니다. "청소를 끝내고 나서 같이 놀자. 네가 도와주면 빨리 끝낼 수 있을 것 같은데, 이것 좀 해 줄래?"라고 하며 아이의 도움을 청하면 아이는 스스로 엄마를 도와줄 수 있다는 뿌듯함을 느낄 수 있을 것입니다.

셋째, 스스로 즐거움을 찾게 합니다.

엄마의 상황은 아랑곳하지 않고 자신과만 놀아달라고 하는 아이에게 혼자서 재미를 찾는 방법을 가르쳐 주세요. 스스로 재미를 찾는 방법을 모르는 아이는 어른이 자신에게 관심을 가져 주지 않으면 심심해합니다. 이런 아이들에게는 재미를 발견하는 방법을 알려줘야 합니다. 퍼즐 게임이나 그림 그리기, 책 읽기 등 혼자서도 할 수 있는 놀이를 가르쳐 주는 것이 좋습니다. 또 "네가 혼자서도 잘 놀 수 있음을 엄마는 믿어." 하고 격려해서 자신감을 갖도록 도와줍니다.

● ● ● 배려의 성품, 어떻게 가르칠까요?

▶ ▶ ▶ 배려의 정의

배려(Caring)란 나와 다른 사람 그리고 환경에 대하여 사랑과 관심을 갖고 잘 관찰하여 보살펴 주는 것입니다. 내 생각대로 다른 사람을 잘 대해 주는 것이 아니라 상대방의 필요와 요구에 따라 잘 보살펴 주는 것이 바로 진정한 배려인 것입니다. 그러므로 배려를 잘하기 위해서는 다른 사람을 사랑하는 마음과 관심이 선행되어야 합니다.

어린이들이 이기적인 태도를 버리고 다른 사람을 배려하는 어린이로 자라기 위해서는 다음의 태도가 선행되어야 합니다.

첫째, 다른 사람의 말과 행동을 잘 관찰하여 듣는 경청의 태도가 필요합니다.

경청(Attentiveness)이라는 뜻은 다른 사람이 말하는 것과 행동하는 것을 주의 깊게 잘 들어서 그 사람이 얼마나 소중한지를 알려주는 것입니다. 경청의 바른 자세는 하던 모든 일을 멈추고 상대방에게 집중하는 것입니다. 또한 상대의 말에 반응하며 상대의 말을 요약하며 듣는 것을 올바른 경청의 자세라고 할 수 있습니다. 그리고 이야기한 것을 잘 기억할 수 있도록 기록하면서 듣는 것입니다. 또한 모르는 것이 있으면 질문을 하는 것이지요. 경청한다는 것은 말하고 있는 상대를 존중하고 있다는 것을 보여주는 표현입니다. 다른 사람에게 배려를 잘하기 위해서는 이처럼 경청하는 태도가 우선적으로 필요합니다.

둘째, 다른 사람의 기분을 이해하고 상냥하게 대해 주는 긍정적인 태도가 필요합니다.

다른 사람을 배려한다는 것은 다른 사람을 기쁘게 하려는 기본적인 동기입니다. 그러므로 상대방이 필요한 것이 무엇인지 생각해 보고, 긍정적인 태도로 공손하게 그리고 상냥한 태도로 표현해 주어야 하는 것입니다.

셋째, 어려움 속에서도 불평하지 않고 즐거운 마음을 유지하는 기쁨의 태도가 필요합니다.

다른 사람을 돕는다는 것은 기쁜 것이라는 가치관을 어린이의 마음속에 심어주는 것이 필요합니다. 내가 조금 손해를 보아도 어려운 사람을 도울 수 있다는 기쁨의 태도에서부터 배려는 시작됩니다.

넷째, 다른 사람을 위해 생각한 것을 기쁘게 행동으로 옮겨야 합니다.

저 사람을 위하여 이렇게 해 주면 좋을 것이라고 생각만 하고 행동으로 옮기지 않는다면 소용없는 일입니다. 진정한 배려는 생각한 것을 실천하는 것입니다. 항상 기억해야 할 것은 소리 나지 않는 좋은 종이 아니듯, 행동이 없는 사랑은 사랑이 아니라는 것입니다.

▶ ▶ ▶ **배려를 잘하려면**

배려는 나를 배려하는 것으로부터 시작됩니다.

나를 존중하며 배려할 수 있는 사람만이 다른 사람 그리고 환경까지 배려할 수 있는 마음을 가질 수 있습니다. 나 자신을 사랑할 수 있는 사람만이 다른 사람을 진정으로 사랑하고 이해할 수 있기 때문입니다. 성경은 다음과 같이 말씀하고 있습니다.

"네 이웃을 네 몸과 같이 사랑하라."

– 마태복음 22 : 39

"그러므로 무엇이든지 남에게 먼저 대접받고자 하는 대로 너희도 남을 대접하라."

– 마태복음 7 : 12

나 자신을 사랑하고 잘 배려할 수 있는 사람이 자신의 주변을 행복하게 만드는 진정한 지도자가 되어 성공적인 삶을 누리게 됩니다. 또한 자신에게 주어진 모든 환경을 돌보고 가꾸어 이 땅에 충만한 기쁨을 소유한 진정한 성품리더가 될 수 있는 것이지요. 본능적으로 이기적인 아이들에게 이기적이지 말라고 아무리 야단쳐도 소용이 없습니다. 내가 소중한 만큼 다른 사람도 소중하다는 것을 가르치는 것이 더 효과적입니다. 그러기 위해서 먼저 귀중한 자기 자신부터 잘 돌보는 방법을 가르치는 것이 좋습니다. 나를 존중하면서 배려할 수 있는 사람만이 다른 사람 그리고 내가 속한 환경까지도 배려할 수 있는 마음을 가질 수 있기 때문입니다.

좋은 성품을 몸에 배게 하기 위해서는 일상생활에서 반복적인 연습이 필요합니다.

성품을 연습한다는 것이 생소하게 들릴지 모르지만 성품은 지식으로 아는 것이 아니라, 매일의 삶에서 반복적으로 실천할 때 비로소 나의 습관이 되고 그 습관이 바로 나의 성품이 됩니다.

배려하는 성품을 키우기 위해 다음의 행동들을 자녀들에게 연습시키세요.

첫째, 모든 상황을 사랑과 관심을 갖고 잘 관찰해 보는 연습을 합니다.

둘째, 다른 사람의 입장에서 생각해 봅니다.

셋째, 다른 사람에게 필요한 것이 무엇인지 깊이 생각하여 결정합니다.

넷째, 구체적인 행동이나 말, 태도로 보살펴 줍니다.

다섯째, '배려의 법칙'을 생각해 보고 실천합니다.

배려의 법칙이 무엇인지 궁금하시죠? ■ ■ ▪ ▪ ▪ ▫

어떤 행동을 결정하기 전에 다음과 같은 생각을 공식처럼 해 보는 것입니다.

"내가   만약 ___________라면 ___________해   주면
___________ 하겠지?"

예를 들어보면 시장에서 짐 꾸러미를 많이 들고 가시는 어머니를 보고 이렇게 생각해 보는 것입니다. "내가 만약 엄마라면 누군가 짐을 나눠서 들어드리면 기뻐하시겠지?" 이렇게 공식대로 생각해 보고 그대로 실천하는 것이 바로 배려입니다.

어린 자녀에게 좀 더 쉽게 배려하는 태도를 연습시킬 수가 있습니다. 그럼 다른 상황으로 배려의 법칙을 만들어 볼까요? 텔레비전을 보고 있는데 전화벨이 울려서 엄마가 전화를 받고 있는 상황이라면 어떻게 할까요? 한번 자녀와 함께 배려의 법칙에 넣어서 연습해 보십시오.

"내가 만약 엄마라면 전화 통화를 하실 때 텔레비전 소리를 줄이면 방해가 되지 않아 좋아하시겠지?"

이렇게 서로에게 입장 바꾸어 생각해 보는 연습이 몸에 밴다면 우리 가정은 더 많이 행복해지겠지요? 좋은 성품은 하루아침에 이루어지는 것이 아니기에 자녀들이 어렸을 때부터 이렇게 연

습시킨다면 그들이 살 미래는 더 행복한 나라가 될 것입니다.

▶ ▶ ▶ **배려를 하면 어떤 유익이 있을까요?**

사람들이 어떤 행동을 지속적으로 할 것인가, 말 것인가는 그 행동에 따른 보상에 따라 결정됩니다.

특히 어린 자녀들에게는 보상이 주어질 때 그 행동에 대한 강화가 일어납니다. 그러므로 배려의 성품이 자녀의 성품으로 자리 잡기 위해서는 그 행동에 대한 보상을 미리 알려 주시면 효과적입니다.

배려를 하게 되면 이런 유익함이 있습니다.

첫째, 관찰력이 좋아집니다.

그 사람의 상황이 어떠한지, 필요한 것은 무엇인지를 살펴보면서 다른 사람뿐만이 아니라 주변 환경에 대한 세심한 관찰력을 얻게 됩니다.

둘째, 자신감이 생깁니다.

다른 사람을 도울 수 있다는 자신감은 자녀의 내적인 효능감을 강화시켜 줍니다.

다른 사람을 배려함으로써 내가 가지고 있는 좋은 점을 알게 되고, 또한 그런 자신을 스스로가 사랑하게 되면서 마음속에서부터 '난 무엇이든지 할 수 있다.'라는 자신감을 얻을 수 있습니다. 내가 어떻게 해야 할지 모르는 환경에 있을 때 어린이들은 불안해합니다. 그러나 배려를 연습하는 어린이들은 어떤 곳에서나 자신이 어떻게, 무엇을 해야 하는지 관찰함으로써 자신의 행동을 자신 있게 선택할 수 있습니다. 이런 모습이 다른 사람에게는 지도자의 모습으로 보입니다.

셋째, 좋은 친구가 많이 생깁니다.

다른 사람을 먼저 배려해 준다면 나 자신이 손해 볼 것 같지만 절대로 그렇지 않습니다. 배려하는 사람 곁에는 자연스럽게 많은 사람들이 모이게 되며 그들을 옳은 길로 인도하는 지도자가 될 것입니다.

그밖에도 부모가 생각하는 배려의 유익함이 많을 것입니다. 자녀들과 허심탄회하게 이야기해 보세요.

부모님들이 저지르기 쉬운 큰 실수는 자꾸 가르치려고만 하는 것입니다. 일상생활에서 편안함과 친밀감이 있는 상태에서 자녀들과 생각을 나누는 시간이 더 효과적인 가르침의 시간이 됩니다.

•••• 배려의 성품을 가르치는 구체적인 방법

배려는 우선 나 자신을 배려하는 것부터 가르쳐 나가야 합니다. 배려를 받아본 사람이 다른 사람을 배려할 수 있습니다. 나 자신을 배려하는 방법, 다른 사람을 배려하는 방법, 그리고 환경을 배려하는 방법으로 확장해 나가도록 가르칩니다.

▶ ▶ ▶ **1단계 : 나 자신을 배려해요.**

■ 배려에 대한 올바른 개념 세우기

배려란 나와 다른 사람 그리고 환경에 대하여 사랑과 관심을 갖고 잘 관찰하여 보살펴 주는 것입니다. 배려(Caring)의 반대말은 무시(Disregarding)라는 어휘를 생각할 수 있습니다. 배려는 다른 사람의 입장에서 먼저 생각하는 것이지만 무시는 다른 사람의 입장을 생각하지 않고 내 입장에서만 생각하는 이기적인 모습이라 말할 수 있겠습니다. 어린이들에게 가르칠 때 어휘력의 확장과 정확한 의미를 파악하기 위하여 배려와 관련된 어휘들을 함께 알아 갑니다.

사랑 : 아끼고 위하는 정성스러운 마음, 또는 그러한 마음을 베푸는 일.

관심 : 어떤 사물에 마음이 끌리어 주의를 기울이는 일.

관찰 : 사물의 움직임을 주의 깊게 살펴보는 것.

보살핌 : 어리거나 생활이 어려운 사람들을 돌보아 주는 것.

무시 : 다른 사람 또는 환경의 존재나 가치를 알아주지 않는 것.

■ 나의 몸을 배려해요.

배려를 가르치면서 먼저 나 자신을 배려하는 방법을 구체적으로 가르칩니다.

나를 배려하는 방법을 아는 사람이 다른 사람을 배려하는 방법을 쉽게 이해할 수 있게 됩니다. 내 몸의 소중함을 알고 자신의 신변 처리를 자신 있게 할 수 있도록 하는 것은 자기 존중감을 높여 주며 독립심을 갖도록 합니다.

나를 배려하는 구체적인 방법에는 자주 목욕하기, 머리 예쁘게 손질하기, 옷을 잘 어울리게 입기, 계절에 맞는 옷 입기, 건강을 위해 음식 가리지 않기, 그리고 나 자신의 장점을 알고 나를 적절하게 알리는 것 등 나 자신을 사랑하고 자랑스럽게 생각하는 태도가 바로 나 자신에 대한 배려가 될 것입니다.

나에 대한 배려를 배운 다음에는 다른 사람에 대한 배려를 가르칩니다. 나의 소중한 가족이나 친구, 이웃들과 어떤 식으로 관계를 맺고 또한 어떻게 배려하며 살아갈 수 있는지에 대해 구체적으로 알려 주는 것입니다. 다른 사람을 잘 배려하기 위해서는 먼저 그 사람에 대한 사랑과 관심이 있어야 합니다. 그래서 그 사람을 잘 관찰하는 자세도 필요합니다. 마지막으로 관찰한 결과에 따라 적절한 도움이나 격려, 칭찬 등의 긍정적인 태도로 보살펴 주는 행동으로 이어져야 합니다. 다른 사람을 잘 배려하는 사람이 되기 위해서는 입장 바꾸어 생각해 보는 배려의 법칙을 잘 활용하는 것이 효과적입니다. 다시 한번 필자가 만든 배려의 법칙을 소개합니다.

> "내가 만약 _______라면 _______해 주면 _______하겠지?"

예를 들어보면 준비물을 못 가져와 당황스러워 하는 짝꿍을 보았을 때 이렇게 생각해 봅니다.

"내가 만약 짝꿍이라면 준비물을 함께 나눠 쓰면 당황스럽지 않고 좋아하겠지?"

라고 말입니다. 또한 성품을 구체적으로 훈련하고 가르치는 장소는 가정이 되어야 합니다.

가족을 배려하는 특별한 날을 정하여 가정 이벤트를 준비해 봅니다. '우리 가족 배려의 날'을 정해 놓고 가족 구성원 중 한 명을 정해 사랑과 관심을 갖고 잘 관찰하여 그 사람이 가장 필요로 하는 것이 무엇이며, 그 사람을 잘 보살피는 방법에는 어떤 것이 있는지 생각해 보고 나머지 가족들이 그대로 실천하는 날을 가져 봅니다.

나와 다른 사람에 대한 배려를 잘하는 사람은 환경을 배려하는 마음도 갖고 있습니다.

내가 소중하면 다른 사람도 소중하고 나와 네가 함께 하는 환경 역시 소중하다는 것을 알고 있기 때문입니다.

환경을 배려한다는 것은 내가 속해 있는 곳의 규칙을 지키는 것이며, 나의 방을 깨끗하게 치우는 것이고 환경을 보존하려는 마음을 갖는 것입니다. 쓰레기량을 줄이는 운동, 동네를 깨끗이 청소하는 모습, 교통규칙을 지키고, 학교의 규칙을 준수하며, 사회의 주차법을 따르고, 환경오염으로부터 내가 살고 있는 산과 바다를 지키며 하늘의 아름다움을 지키려고 노력하는 마음이 바로 환경에 대하여 배려하는 모습이 되겠지요.

● ● ● 진정한 배려는……

배려하는 성품을 가진 사람은 자신을 행복하게 할 뿐만 아니라 가정과 사회를 행복하게 하는 능력이 있는 사람이라고 생각합니다. 그래서 필자는 결혼을 앞둔 신혼부부가 인사차 찾아오면 필자가 만든 어린이 성품 워크북 중에서 '배려' 워크북을 주면서 행복한 가정을 만들기 위해서 배려를 연습하라고 당부합니다. 오늘날 얼마나 많은 가정이 배려하지 못하는 배우자를 탓하며 아파하는지…….

그런데 사실은 자신이 먼저 배려의 성품을 연습하기 시작하면 더 쉽게 배려하는 부부가 되고, 배려하는 가정이 되고, 배려하는 사회가 된다는 것을 알아야 합니다. 이 시대의 비극이 되는 깨어지는 가정의 이유가 많은 부분 서로가 배려하지 못하는 데서 비롯된다고 생각합니다. 사실 어떤 때는 서로를 배려하려고 노력하는데 진정한 배려가 무엇인지 몰라 서로에게 상처가 되는 경우도 많이 있습니다. 한번 다음의 이야기를 읽어 보면서 내 모습은 아닌지 생각해 봅시다.

옛날 옛날에 소와 사자가 있었어요.

소와 사자는 사랑에 빠져서 마침내 결혼을 하게 되었답니다.

둘은 너무나 사랑하였기에 서로에게 최선을 다하기로 굳게 약속했어요.

소는 '맛있는 풀을 갖다 준다면 사자가 기뻐하겠지?'라고 생각하며 맛있는 풀을 뜯어서 날마다 사자에게 갖다 주었습니다. 사자는 풀을 싫어했어요. 그렇지만 소의 마음을 생각하며 꾹 참고 먹었답니다. 한편 사자도 생각했어요. '난 소에게 맛없는 풀 대신에 맛있는 살코기를 갖다 주어야지. 그럼 굉장히 좋아할 거야!' 사자는 들에 나가 열심히 뛰어 다니며 맛있는 살코기를 구하여 소에게 갖다 주었어요. 소는 사자가 준 살코기를 먹는 것이 너무나 괴로웠지요. 하지만 사자의 마음을 생각하며 꾹 참고 맛있게 먹었답니다.

그러던 어느 날, 풀을 먹던 사자와 살코기를 먹던 소는 참는 것의 한계에 도달했어요. 그래서 서로 대화를 나누기 시작했지요. 하지만 서로에게 최선을 다했다고 생각한 소와 사자는 자신들의 잘못에 대해 깨닫지 못하고 결국 큰 싸움으로 이어지고 말았답니다.

어때요? 이 이야기가 혹시 나의 이야기는 아닐까요? 혹은 나의 가정의 모습은 아닌지요?

참된 배려는 내가 하고 싶은 대로 상대방에게 해 주는 것이 아니고 서로가 원하는 것을 알고 사랑하는 마음으로 서로의 필요를 채워 주는 것입니다. 잘못된 배려 때문에 혹은 배려가 무엇인지 잘 몰라서 관계가 깨진 부분이 있다면 이제 찾아가서 새로운 관계 맺기를 시작해 보십시오. 필자가 어린이에게 가르치는 관계 맺기 방법은 다음과 같습니다.

▶ ▶ ▶ 관계 맺기(Making Bride)

■ 감사하기

먼저 상대방에게 감사할 것들을 찾아보십시오.

비난은 이별의 전주곡입니다. 상대가 내게 배려해 주었던 것을 하나라도 빠뜨리지 말고 생각하여 감사함을 전하십시오.

감사가 깨진 관계는 상처만 남습니다. 지금 그 사람으로 인해 감사한 것을 찾아 표현해 주는 것이 깨어진 관계를 다시 이어주는 다리를 놓는 작업입니다.

■ 용서 구하기

그동안 무관심하여 배려하지 못했던 것에 용서를 구하십시오. 혹은 잘못된 방법으로 배려하여 힘들게 한 것이 있다면 용서해 달라고 말해 보세요.

우리는 잘못했다고 마음속으로는 생각을 해도 입으로 표현하기는 너무 어려워합니다. 그런데 깨어진 관계를 다시 맺기 위해서는 입으로 표현해 주어야 합니다. 말은 살포제와 같아서 입으로 표현될 때 마음속의 상처를 강력하게 치유시켜 줍니다.

■ 요청하기

지혜가 부족하여 잘 배려하지 못하는 것을 도와 달라고 하십시오.

다음부터 진정한 배려를 행할 수 있도록 옆에서 도와달라고 하세요. 잘못된 배려를 하려고 하면 이것이 아니라고 잘 가르쳐 달라고 요청하십시오. 자신의 약함을 드러내는 것을 힘들어 하지 마세요. 자녀에게도 요청하세요. 좋은 부모가 되고 싶은데 잘 안된다고, 너의 도움이 필요하다고 말씀하세요. 자신의 약함을 드러내는 사람에게 사람들은 더 친밀감을 느끼며 이해하는 마음이 생깁니다. 배우자는 더욱 그렇지요. 아마 더 사랑스러움을 느끼게 될 것입니다.

■ 내 마음 표현하기

이제는 터놓고 당신의 마음을 표현하세요.

그동안 상대방에게 느꼈던 섭섭함이나 속상했던 것들, 이것은 아니라고 생각했던 것들을 마음 놓고 이야기하세요. 마음속에 넣어두고 상처가 되어 곪아 터지는 것보다 표현하는 것이 좋습니다. 속내를 모르는 사람과는 진정한 관계가 맺어지지 않습니다. 대화가 되는 관계가 건강한 관계입니다.

　필자가 성품교육 세미나를 하기 위해 전국의 많은 곳들을 다니면서 어머니들을 만나며 느낀 것은 처음에는 좋은 자녀로 키우기 위한 목적으로 왔다가 성품 세미나 도중 성품으로 준비 안 된 배우자와의 가정생활에서 오는 아픔들을 토로하면서 성품치유 세미나로 바뀌는 모습을 많이 경험하였습니다. 눈물을 흘리며 가정생활의 아픔들을 이야기하는 어머니들을 보면서 일찍부터 어린 자녀들을 성품 교육시키는 것은 이다음에 더 행복한 가정을 만드는 초석이라고 생각하게 되었습니다. 그리고 이렇게 자신의 감정을 표현하는 교육이 이 시대에 참으로 필요하다는 것을 깨달았습니다.

　지금까지의 교육은 지식 위주의 교육으로, 많은 정보들을 머리에만 넣어 두고 실생활에 적용하지 못하고 표현하지 못하는 교육이었습니다. 이제는 자신과 다른 사람의 감정을 존중하고 표현하면서 행복함을 느끼는 성품 교육이 필요할 때입니다.

● ● ● 배려의 성품을 위한 덕목

그런데 이러한 배려의 성품을 잘 가르치기 위해서는 공감인지능력(Empathy)을 갖게 하는 것이 필요합니다.

공감인지능력이란 타인의 문제를 그들의 입장에서 생각해 주는 능력입니다. 다른 사람의 기분이나 감정을 그들의 입장에서 이해하고 알려주는 도덕적인 정서입니다. 공감인지능력을 가진 사람은 다른 사람의 요구나 감정에 민감해져서 상처 입은 사람, 고통 받는 사람들을 어떻게 배려해 주어야 하는지를 알 수 있습니다. 이러한 덕목은 우리가 옳은 일을 할 수 있도록 도와주고 다른 사람에게 함부로 대하지 않도록 도와줍니다. 그러면 공감인지능력을 가지고 있는 사람은 어떻게 행동하는지 알아볼까요?

공감인지능력을 가진 사람은……

다른 사람이 아파하는 것을 알아차리고 함께 아파합니다.
다른 사람이 괴로워하고 있으면 다가가 위로합니다.
다른 사람이 우는 것을 보면 함께 슬퍼합니다.
힘들어 하는 사람이 있으면 상냥하게 말해 줍니다.
다른 사람의 상처를 이해하기 때문에 격려해 줍니다.
다른 사람이 이기면 함께 즐거워합니다.
다른 사람의 기분이 상하지 않도록 지저분한 환경을 치웁니다.

그리고 공감인지능력을 가지고 있는 사람은 이렇게 말합니다.

"나도 네 마음을 알 것 같아."
"네가 아프니까 나까지 슬프잖아."
"네가 이기니까 너무 기뻐. 꼭 내가 우승한 것 같아."
"많이 아프겠다. 나도 아파봐서 알아."
"네가 있어서 난 너무 행복해."

어떻습니까? 이렇게 행동하고 말하는 사람과 함께 살고 함께 있고 싶지 않습니까?

그래서 좋은 성품을 갖춘 사람이 지도자가 되는 것입니다. 그 사람의 주변에는 항상 사람들이 함께 있고 싶어 하기 때문이지요.

자, 이제는 좀 더 적극적으로 가정에서 함께 할 수 있는 공감인지능력 연습을 시도해 보겠습니다.

▶ ▶ ▶ **가족과 함께 해보는 공감인지능력 연습**

우리 사회는 오랫동안 권위적인 가부장적인 사회 분위기 때문인지 가족 간의 애정표현이나 자신의 감정을 솔직하게 표현하지 못한 것이 사실입니다. 그래서 요즈음 새롭게 표현해 보려고 노력해 보지만 여전히 쑥스럽기만 합니다. 가족이나 가까운 친구들에게 자신의 감정을 표현하는 〈감정 말하기〉 게임을 해 봄으로써 감정을 표현하는 연습을 해 봅시다.

 감정 말하기 게임

온 가족이 함께 모여 저녁식사를 하면서 오늘 하루 동안 겪었던 자신의 감정을 나눕니다.

ex) 가족의 감정을 나누는 동안 서로의 대화에 귀를 기울이고 동시에 자신의 감정을 표현해 봅니다.
ex) "오늘 하루 동안에 가장 기분 좋았던 일은 무엇이니?" 하고 부모님이 먼저 아이들에게 질문해 봅니다.
ex) 슬펐던 일, 억울했던 일, 신났던 일 등을 솔직하게 나누는 동안 가족들은 서로를 더욱 이해할 수 있게 되어 어떻게 배려해야 할지 자연스럽게 생각할 수 있게 됩니다.

이 활동은 아버지께서 가족들에게 더 적극적으로 마음속의 감정을 표현해 줄 때 더 많은 효과가 일어납니다.

 상대방의 감정을 알아맞히는 게임

백화점이나 사람들이 많이 모이는 공공장소에서 다른 사람들의 표정이나 행동을 잘 관찰하여 그들의 감정을 알아맞히는 게임입니다.
ex) "지금 저분의 기분이 어떤 것 같니?"
ex) "지금 저분에게는 무슨 일이 있는 것 같니?"
ex) "지금 저분에게는 어떤 배려가 필요할까?"

다른 사람의 대화를 듣지 않고도 상대방의 감정을 알아내는 훈련을
통하여 공감인지능력을 계발할 수 있습니다.

활동 3   TV 속 감정을 찾는 게임

가족과 함께 TV 소리를 줄이고 화면만 보면서 등장인물의 감정을 예
측해 봅니다.

    ex) 주인공이 엄마한테 혼이 났는데, 그때 어떤 감정이었을까?
    ex) 내가 만약 주인공이었다면 친구를 어떻게 도와줬을까?
    ex) 친구를 오해했다는 걸 알았을 때, 주인공은 어떤 감정이었을까?

활동 4   입장 바꾸어 생각하기 놀이

상대방의 입장이 되어 생각해 보면 갈등의 문제가 어느새 해결됩니다.
가족과 함께 서로의 역할을 바꾸어 보고 상대방의 입장이 되어 생각
해 보는 놀이를 해 보세요.
서로를 이해하게 되어 더욱 배려할 수 있게 된답니다.

그 밖에도 주변을 찾아보면 우리기 자녀와 함께 다양한 활
동 속에서 성품을 배울 수 있는 많은 방법들이 있습니다. 교
육은 재미있어야 합니다. 재미있게 가르칠 때 자녀들은 행복
한 자신의 경험 속에서 바람직한 미래의 모습을 갖추어 나가
게 됩니다.

배려를 잘하기 위해서는 어떤 지혜가 필요할까요?

첫 번째, 배려를 잘하기 위해서는 지혜의 망원경이 필요합니다.
망원경은 흔히 멀리 있는 사물을 볼 때 사용합니다. '배려'를 실천하기 위해서는 망원경과 같은 눈이 필요합니다. 나의 행동을 통해 어떤 일이 생길 수 있을지 멀리 바라보며 행동하는 마음이 필요하기 때문입니다.

두 번째, 배려를 잘하기 위해서는 지혜의 현미경이 필요합니다.
현미경은 너무 작아서 보이지 않는 것을 자세히 볼 때 사용하지요. '배려'를 실천하기 위해서는 현미경과 같은 눈이 필요합니다. 내가 사랑하는 사람들의 아주 작은 행동까지도 세심하게, 자세하게 보는 행동과 마음이 필요하기 때문입니다.

세 번째, 배려를 잘하기 위해서는 지혜의 투시경이 필요합니다.
투시경은 겉으로 보이지 않는 내용물을 볼 때 사용합니다. '배려'를 실천하기 위해서는 투시경과 같은 눈이 필요합니다. 겉으로 드러나지 않는 사람의 마음을 살펴보고 상대방의 진짜 마음을 읽을 줄 아는 마음과 행동이 필요하기 때문입니다. 이

것은 바로 눈으로 보이는 것 외에 보이지 않는 감추어진, 사
랑하는 사람의 마음을 들여다보는 지혜입니다.

마지막으로, **가장 중요한 것은 바로 사랑하는 마음으로 지혜롭
게 실천하는 것입니다.**

'배려'라는 것을 알고 있어도 그것을 실천하지 않으면 아무
런 의미가 없습니다. 사랑하는 마음을 담아 나와 나의 소중한
가족, 다른 사람, 내 주변의 환경에 배려해야 합니다. 그러면
우리가 사는 세상은 지금보다 훨씬 행복하고 아름다운 나라가
될 것입니다.

배려란 일찍 잠자리에 들어 내일 하루를 준비하는 거예요.
배려란 비오는 날 우산을 쓰는 거예요.
배려란 특별한 약속이 있는 날, 미리 옷을 챙겨 입는 거예요.

배려란 아빠, 엄마 방에 들어갈 때 노크를 하는 거예요.
배려란 엄마가 전화 통화를 하실 때 내 목소리를 작게 낮추는 거예요.
배려란 아빠가 주무시고 계실 때 조용히 말하는 거예요.
배려란 동생과 함께 걸을 때 천천히 걷는 거예요.

배려란 출입문을 지나갈 때 뒷사람이 부딪히지 않도록 문을 잡아주는 거예요.
배려란 화장실에서 용변을 보고 물을 내리는 거예요.
배려란 손님이 집에 오셨다가 돌아가실 때 손님의 신발을 바르게 놓아드리는
　　　　거예요.
배려란 엘리베이터를 탔을 때 뛰어오는 사람을 보고 '열림' 표시를 눌러
　　　　주는 거예요.
배려란 교실에서 교구를 갖고 놀다가 제자리에 놓는 거예요.
배려란 울고 있는 친구에게 다가가 두 손을 꼭 잡아 주는 거예요.

배려란 비가 올 때 화분을 창 밖에 내어 놓는 거예요.
배려란 아무 곳에나 쓰레기를 버리지 않는 거예요.
배려란 우리집 강아지와 함께 산책할 때 봉지를 준비하여 배설물을 깨끗하게
　　　　치우는 거예요.

배려하는 어린이
배려 선언문
나   는
배려의 태도를 지닌 어린이로서
나와 다른 사람 그리고 환경에 대하여
사랑과 관심을 갖고 잘 관찰하여
보살피는 어린이가 되겠습니다.
2006년 10월28일
좋은나무성품학교
GOODTREE CHARACTER SCHOOL

배려 선언문

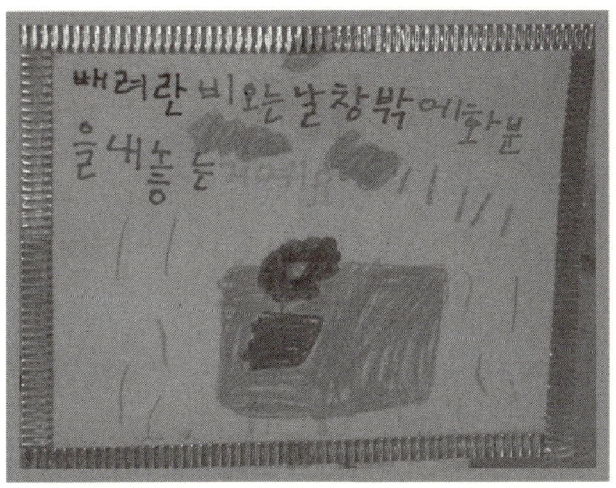

배려란 비오는 날 창 밖에
화분을 내 놓는 거예요.

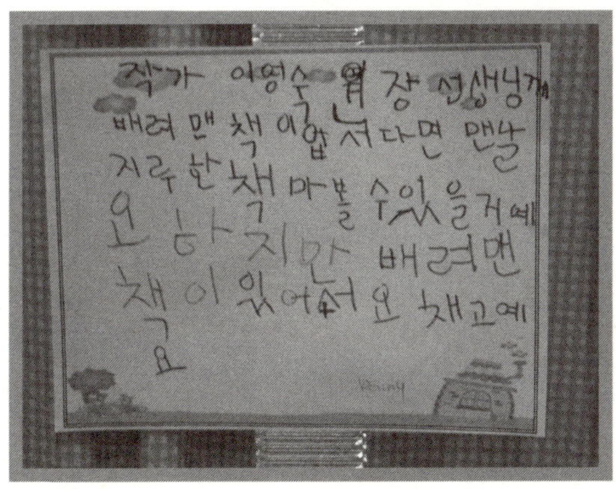

작가 이영숙 원장 선생님께
『출동! 배려맨』 책이
없었다면 맨날 지루한 책만
볼 수밖에 없었을 거예요.
하지만 『배려맨』 책이
있어서 최고예요.

배려란 비오는 날 친구에게
우산을 씌워 주는 거예요.

배려란 동생과 함께 걸을 때
천천히 걷는 거예요.

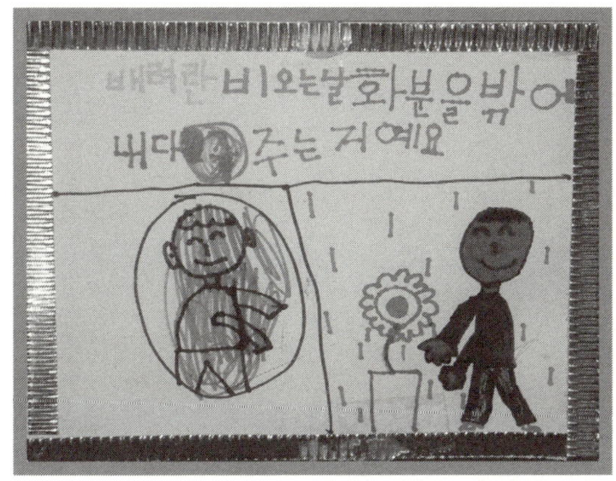

배려란 비오는 날 화분을 밖에 내다 주는 거예요.

배려란 비가 올 때 화분을 창 밖에 내다 두는 거예요.

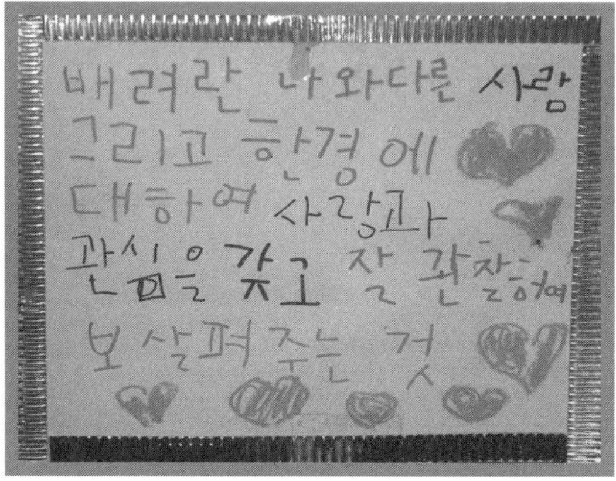

배려란 나와 다른 사람 그리고 환경에 대하여 사랑과 관심을 갖고 잘 관찰하여 보살펴 주는 것이에요.

배려란 자기 전에 양치질을 하는 거예요.

배려란 우리 집 강아지와 산책할 때 꼭 비닐봉지를 준비해서 배설물을 치우는 거예요.

● ● ● 성품을 모델링하는 방법

어린이들은 모방을 통하여 자신의 세계를 구축합니다.

자기가 좋아하는 대상과 동일시하며 닮아 가기를 열망하는 시기입니다. 이 시기에 자연 속에 있는 동물이나 식물의 생태 속에 숨어 있는 성품을 찾아 배우고, 이 시대의 훌륭한 성품을 지니고 살았던 위인의 삶을 통하여 모델링하게 하는 방법은 어린 자녀들에게 좋은 성품을 가르치고 훈련하는데 효과적인 방법입니다.

그러면 본 장에서는 배려의 성품을 가르치고 훈련하기 위해서 다음과 같은 동물과 위인들을 소개하겠습니다.

하나님이 만드신 세상에는 창조자이신 하나님의 성품을 본받아 모든 생명체 속에 숨어 있는 고귀한 성품의 모습을 그들의 생태를 통하여 찾아볼 수 있습니다.

본 장에서는 동물들 중에서 배려의 성품을 그들의 생태에서 찾아볼 수 있는 동물들을 찾아보도록 하겠습니다.

다람쥐(Squirrel)

다람쥐의 볼은 주머니 역할을 합니다. 그래서 먹이를 옮겨야 할 때는 볼에 한 움큼을 넣어 이곳저곳으로 뛰어 다니지요. 다람쥐가 좋아하는 장소는 활엽수 숲과 바위가 많은 돌담 같은 곳입니다. 다람쥐는 숲 속에 사는 대부분의 동물들과 달리 낮에만 활동을 하기 때문에 숲이나 공원 같은 장소에서 종종 볼 수가 있지요. 다람쥐의 먹이에는 도토리, 밤, 땅콩 등이 있는데 그중에서도 특히 졸참나무에서 열리는 도토리를 가장 좋아합니다. 다람쥐는 땅 속에 깊고 깊은 터널을 판 다음 그 안에 보금자리를 만들고 그 옆에 작은 구멍을 파 놓아 먹이 저장 창고로 이용합니다. 저장 창고로 도토리 등의 열매를 넣어 둡니다. 열심히 먹이를 채우고 나면 어느새 겨울이 찾아와 겨울잠에 빠지지만 배가 고프면 깨어나 저장 창고에서 먹이를 찾아 먹고 다시 잠들곤 합니다. 겨울잠을 자는 시기를 대비하여 도토리를 저장 창고에 차곡차곡 쌓아 놓은 다람쥐이지만 신기하게도 그 안에 있는 먹이를 다 먹지는 않습니다. 여기에 다람쥐만의 참나무에 대한 배려가 숨어 있지요. 다람쥐는 참나무를 위해 몇 개의 도토리를 남겨 둡니다. 그래서 땅 속에 있는 도토리는 한 겨울에도 얼지도 마르지도 않고 있다가 봄이 오면 싹을 내고 새로운 참나무로 자라게 되는 것입니다. 이는 자신에게 먹이를 주어 건강하게 살 수 있도록 도와 준 참나무에 대한 다람쥐의 사랑과 감사를 표현하는 다람쥐만의 배려랍니다.

캥거루(Kangaroo)

캥거루는 호주 뉴기니의 푸른 초원이나 숲, 덤불에서 무리를 지어 생활합니다. 일부 작은 몸집의 캥거루는 잡식성이지만 대부분은 땅 속 줄기, 풀, 잎 등을 좋아하지요. 점프를 잘하는 동물로 알려져 있는 캥거루는 한 번 뛸 때 5~8m, 어떤 때는 13m까지 점프할 수 있다고 합니다. 그러니까 캥거루가 한 번 뛰면 아이들의 키를 훌쩍 뛰어넘을 수도 있다는 말이지요. 또한 캥거루는 큰소리로 울거나 웃지 않고 가끔 으르렁거리거나 기침하는 소리, 혹은 엄마가 아기를 부를 때 "쯧쯧" 정도의 소리를 냅니다. 캥거루의 앞쪽에는 작은 주머니가 있는데 이것을 육아낭(育兒囊)이라고 하지요. 이 주머니는 아기 캥거루가 잘 자랄 수 있도록 집 역할을 하는데, 1kg밖에 안 되는 갓 태어난 아기 캥거루는 이 주머니 안에서 엄마의 극진한 보살핌을 받으며 자라게 된답니다. 엄마 캥거루는 1년 동안 이 주머니 안에서 아기 캥거루를 배려하며 안전하게 키웁니다. 항상 사랑과 관심으로 보살펴 주는 엄마 캥거루의 모습에서 우리는 배려의 성품을 찾을 수 있지요. 키가 큰 엄마 캥거루는 아기 캥거루가 엄마의 육아낭 속으로 들어갈 때, 아기 캥거루가 쉽고 편하게 들어오도록 다리를 굽히고 허리를 굽히어 안전하게 육아낭 속으로 들어올 수 있도록 배려합니다.

고래는 바다에 사는 포유류로 알이 아닌 새끼를 낳아 젖을 먹여 키웁니다. 대부분의 포유류가 물 밖에서 사는 것과 달리 고래는 바다 속 생활에 빠르게 적응하며 변화해 왔지요. 고래는 털이 없습니다. 털이 있는 동물들은 물속에 들어가면 체온이 빨리 떨어지기 때문에 고래는 털 대신 체열을 유지할 수 있는 두꺼운 지방층을 가지고 있지요. 또한 고래는 깊이 잠수하여 먹이를 먹거나, 멀리 헤엄을 칠 수 있을 정도로 오랫동안 숨을 참을 수 있습니다.

흑동고래는 노래 부르기를 좋아해서 고래 친구들에게 노래를 들려주고 서로 가르쳐 주기도 합니다. 또한 향고래는 갓 태어난 새끼가 숨을 쉬기 위해 수면 위로 올라가면 등으로 새끼를 받쳐서 편안하게 해 주기도 합니다. 뿐만 아니라 엄마 향고래가 아기를 낳을 때는 다른 암컷들이 도와주기도 합니다. 또한 쇠고래는 짝을 찾기 위해 수컷끼리 싸움을 하지만, 일단 싸움이 끝나고 나면 싸움에서 진 쇠고래는 이긴 쇠고래가 짝짓기를 잘할 수 있도록 적으로부터 보호해 주는 역할을 합니다. 고래는 자신과 다른 동물 친구들에게도 배려를 잘하는 동물로 알려져 있지요. 특히나 고래가 있는 바다 주변에는 갈매기 떼가 많이 모이는데 그 이유는 고래의 등에 따개비나 조개, 벌레 같은 갈매기가 좋아하는 먹이가 많기 때문입니다. 이처럼 고래는 주변의 다른 동물들에게 배려하는 성품을 지닌 동물입니다.

> 지금까지 몰랐던 고래의 배려에 대해서 한번 생각해 보고 친구에게 이야기해 주세요.

이렇게 하나님이 만드신 동물의 생태를 자세히 알아보며 각 동물에게서 볼 수 있는 배려의 성품을 찾아 알아봅니다. 이런 활동들을 해 보면서 자녀들은 더 많이 배려라는 성품을 이해

하게 되고 흥미와 함께 폭넓은 지식을 갖출 수 있으며 과학적
이고 논리적인 사고의 틀을 갖게 됩니다.

신사임당(1504~1551)

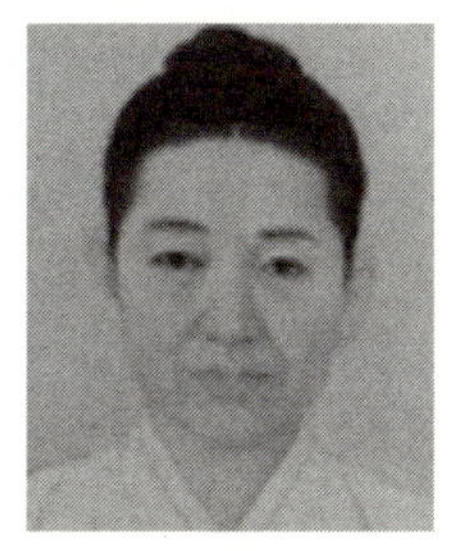

신사임당은 조선시대를 대표하는 여류 예술가로
시, 글씨, 그림에 뛰어난 사람입니다. 또한 조선시대
의 유명한 학자인 율곡 이이의 어머니로도 유명하지
요. 신사임당의 본명은 '신인선'으로 우리에게 알려진
이름 '사임당'은 본래 그녀가 지내던 곳의 이름이었습
니다. 조선시대에는 지체가 높은 양반가의 부녀자 이
름을 함부로 부를 수 없었기에 '사임당'에 그녀의 성
인 '신'을 붙여 '신사임당'으로 불렸던 것입니다.

　신사임당의 그림은 너무나 뛰어나서 실제의 모습과 구분하기 어려울 정도였다
고 합니다. 어느 날은 닭이 그림 속의 벌레를 잡아먹으려 달려들었다는 이야기가
있을 정도이지요. 아주 오래된 그림이지만, 신사임당의 작품에는 생명력과 아름다
운 색감이 잘 표현되어 있어 오늘날까지도 우리에게 감동을 주고 있습니다. 신사
임당은 자신의 그림이나 글씨를 팔지 않았고 오직 자신의 마음을 갈고 닦기 위하
여 예술 활동을 했습니다. 그런 그녀가 다른 사람을 돕기 위해 그림을 그린 적이
있습니다. 잔칫집에 초대를 받은 신사임당은 여러 부인들과 이야기를 나누고 있었
지요. 그런데 갑자기 부엌에서 우왕좌왕하는 소리가 들렸습니다. 그 이유를 알아
보고자 부엌으로 들어간 신사임당은 비단치마에 국물을 쏟아 걱정하고 있는 한 부
인을 보게 되었습니다. 부인은 빌려 입은 비단치마라며 걱정스러운 표정을 지었습

니다. 그러자 사임당은 잠시 생각하더니 부인의 비단치마를 잠시 벗어달라며, 그림을 그려도 되겠느냐고 물었습니다. 부인은 고개를 끄덕였지요. 신사임당은 본격적으로 붓을 들고 그림을 그리기 시작했습니다. 이윽고 얼룩이 져 있던 비단치마에 탐스러운 포도송이가 그려져 있는 것이 아니겠습니까? 이것을 본 사람들은 모두 깜짝 놀랐습니다. 신사임당은 부인에게 치마를 팔아 새 치마를 살 돈을 마련하게 하였습니다. 이 예화를 통해 알 수 있듯이 신사임당은 자신의 재능을 남에게 뽐내는 것이 아니라 주위에 관심을 가지고 살펴서 도움을 줄 수 있는 곳에 자신의 재능을 사용할 줄 아는 배려의 성품을 지닌 인물이었습니다.

마리아 몬테소리(Maria Montessori, 1870~1952)

마리아 몬테소리는 1870년 이탈리아 아코나 지방에서 태어났습니다. 마리아 몬테소리는 어린 시절부터 수학과 과학에 남다른 재능을 보였고 마침내 의학 공부를 하기로 결심했지요. 그러나 당시의 여성은 집안에서 가정과 아이들을 돌보는 것이 전부라고 생각했던 시대였습니다. 많은 반대를 받은 몬테소리는 실망하지 않고 자신의 꿈을 이루기 위해 이탈리아의 왕과 교황을 만나 로마 의과대학에 입학을 허락받았습니다. 그래서 1896년 26세의 나이로 로마대학의 의학부를 졸업하면서 박사 학위를 받았고 이탈리아 최초의 여의사가 되었습니다. 로마의과대학에서 근무하던 중 몬테소리는 병원에 수용된 정신지체 아이들을 만나게 되었습니다. 몬테소리는 아무도 없는 빈 공간에 아이들을 가두어 놓고 그들을 무시하며 동물처럼 대하는 어른들을 보고 깜짝 놀랐습니다. 그 순간 몬테소리는 어린이를 존중하는 새로운 교육 방법을 만들어야겠다는 중대한 결심을 하게 됩니다. 그 후 몬테소리는 어린이들을 관찰하기 시작했습니다. 그 결과 모든 어린이들은 존엄성을 가진 한 인격체로서 마땅히 존중받아야 한다는 생각을 갖게 되었습니다. 또한 어린이는 스스로 자신을 키워 나갈 수 있는 잠재능력이 있기에 그들에게 환경을 만들어 주면 마음껏 행복한 어린이로 자랄 수 있다는 것도 알게 되었지요. 이렇게 해서 몬테소리의 교육은 큰 성공을 거두었고 전 세계의 교육학자들이 그녀의 교육 방법을 배우려고 모여들었습니다. 아이들을 존중하고 배려하는 새로운 교육은 많은 아이들을 변화시켜 놓았고, 이 소식은 전 세계로 퍼지기 시작한 것이지요. 이렇게 해서 만들어진 것이 바로 몬테소리 교구입니다. 한 사람이 보여준 어린이를 향한 관심과 배려가 100여 년이 지난 지금까지도 전 세계의 어린들을 행복하게 해 주고 있습니다.

나이팅게일(Florence Nightingale, 1820~1910)

백의의 천사로 유명한 영국인 나이팅게일은 이탈리아의 플로렌스에서 태어났습니다. 부모님이 이탈리아를 여행하고 있을 때에 나이팅게일을 낳았던 것입니다. 그래서 아이의 이름도 태어난 곳의 지명을 따서 플로렌스라고 지었지요. 부유한 환경 속에서 자란 플로렌스 나이팅게일은 아버지로부터 그리스어, 라틴어 등의 외국어와 역사, 철학, 수학을 배웠습니다. 당시엔 여성이 교육받는 일은 흔치 않으나 그녀는 좋은 환경에서 자라면서 뛰어난 통찰력과 옳고 그름을 판단하는 능력을 키울 수 있었습니다.

플로렌스 나이팅게일은 17세 때, 하나님의 음성을 들었습니다. 당시에는 사명이 무엇인지 구체적으로 알 수 없었지만 꾸준히 공부하면서 그것을 찾기 위해 끊임없이 노력한 결과 26세 되었을 때, 간호사가 되기로 결심했습니다. 당시에 간호사라는 직업은 좋은 가정에서 자란 여자들은 할 수 없다고 생각될 정도로 무시 받는 일이었지요. 하지만 그녀는 병으로 아파하는 사람들을 성심껏 돌보는 것이 하나님의 말씀을 실천하는 일이라 생각하고 자신의 신념을 굽히지 않았습니다. 가족의 반대에도 무릅쓰고 간호사 교육을 받았으며 30세에는 정식 간호사가 될 수 있었지요. 1854년 크림전쟁 당시 부상당한 영국군이 겪고 있던 비참한 상황을 알게 된 그녀는 터키의 한 야전 병원으로 달려갔습니다. 환자들이 지저분한 곳에서 치료받는 것을 보고 마음이 아팠던 나이팅게일은 환자들이 좋은 곳에서 병을 치료할 수 있도록 주변 환경을 개선하기 시작했습니다. 위생 상태를 높이고 의사를 돕는 간호사의 역할을 나누어 진료의 능률을 높이는 등 끊임없이 노력하여 수많은 환자들을 살릴 수 있었습니다. 또한 한밤중에도 등불을 들고 환자를 돌보며 자신보다 환자들을 먼저 배려했습니다. 그녀가 '백의의 천사'라는 찬사를 받는 것은 바로 이러한 희생과 그녀만의 배려가 있었기 때문입니다. 또한 전쟁이 끝나 영국으로 돌아온 후에도 나이팅게일은 병원의 개혁을 위하여 노력하였습니다. 빅토리아 여왕의 동의를 얻어 군대보건에 관한 왕립위원회를 결성하였고, 세계 최초의 간호학교를 설립하였습니다. 이렇듯 자신의 편안함을 생각하기보다는 어려움을 겪고 있는 사람들을 위해 자신을 훈련하고 도움이 필요한 곳에 사랑과 관심을 가지고 찾아간 플로렌스 나이팅게일의 모습에서 우리는 진정한 배려의 모습을 엿볼 수 있습니다.

● ● ● 성품을 칭찬하는 방법

이제는 성과보다는 성품을 칭찬해야 합니다.

성품은 객관적이거나 구체적으로 명명하기가 어렵기 때문에 성품을 칭찬하기가 어렵습니다. 오히려 성과 혹은 성취를 칭찬하기는 쉽습니다. 그러나 결과물을 가지고 칭찬하는 것은 성품 발달에 도움을 주지 못합니다. 성품을 칭찬할 때 어린이가 소유한 현재와 미래의 가능성을 격려하게 되는 것입니다.

성품을 칭찬하기 위해 가장 필요한 것은 어린이를 먼저 관찰하는 것입니다. 어떤 대상에 주의를 둔다는 것은 의식적인 결정으로, 상대방이 가장 중요하게 생각하는 것이 무엇인지를 알 수 있게 합니다. 따라서 어른들은 아이의 말을 듣기 위한 시간을 반드시 가져야 합니다. 어린이가 배려하는 모습을 보이는 그 순간을 놓치지 말고 성품을 칭찬해 주면 좋은 성품이 더 강화되겠지요. 또한 어린이가 배려의 성품을 갖게 되기를 원한다면 어른들은 더 배려하는 모습을 보여야 어린이들의 배려하는 성품을 칭찬할 수 있을 것입니다.

■ 올바른 칭찬

경청은 타인의 가치를 인정해 주는 가장 중요한 의사소통 방법이라고 할 수 있습니다. 교사나 부모가 어린이의 가치를 인정해 주는 방법은 그들의 말에 질문을 하고, 진지하게 관심을 가지는 것입니다.

교사나 부모가 자신의 말에 경청한다는 것을 경험한 아이들은 자신이 경청 받은 것처럼 친구나 타인에게 그렇게 할 것입니다. 아이를 칭찬할 때는 정확하게 표현해 주십시오. 그래야 무엇에 대해 칭찬을 받는지, 그것의 가치가 무엇인지를 알 수 있게 됩니다.

■ 칭찬의 예

"선생님이 말씀할 때 주의를 기울여 주어서 고맙구나. 선생님의 말을 똑바로 앉아서 바라보며 집중한 것은 네가 선생님을 존경한다는 것을 보여준 것이란다."

"엄마가 말할 때 멈추어 서서 엄마의 눈을 바라봐 주는 너의 경청하는 모습이 너무 고맙구나. 엄마가 아주 존중받는 느낌이 들고 행복했단다."

■ 잘못된 칭찬

"○○는 항상 경청을 잘하네." 성품에 대해 통달했다고 여겨지는 말입니다.

사실 성품이란 일생을 통해 계속 배워 나가는 과정이므로 그 끝이 없기 때문에 이러한 말은 주의해야 합니다.

■ 칭찬의 말

칭찬은 가치를 인정한다는 것을 보여주는 가장 효과적인 방법입니다. 긍정적인 말 한마디나 작은 선물, 만족스러운 눈짓과 같은 행동은 과소평가되기 쉬우나 그 아이의 평생을 좌우할 수 있는 중요한 근거가 됩니다. 아이를 칭찬하는 것은 성품을 발날시키는 첫걸음임을 잊지 마세요.

"대단하다.", "훌륭해.", "정말 잘했어.", "너 때문에 참 행복해." 등.

■ 칭찬 기념물

성품을 인정하는 수료증 주기

작은 배지나 스티커 주기

예쁜 글씨로 격언이나 성품 정의를 적어 주기

■ 칭찬의 몸짓

고개를 끄덕이거나 미소 짓기

감탄하는 눈짓

엄지손가락 치켜세우기

■ 말없이 하는 칭찬

성품의 가치를 잘 알고 행동하는 어린이를 선정해서 이름을 종이에 크게 씁니다. 그리고 그 이름표를 성품 포스터에 붙입니다.

이때 말은 하지 말고 그저 포스터에 이름표를 붙여놓아 다른 아이들이 그 이름을 보게 하고, 교사는 엄지를 치켜세우고 미소를 짓거나 그 외의 다른 몸짓으로 칭찬해 줍니다.

다른 어린이들은 교사의 칭찬 과정을 보면서 이름표를 붙이게 된 어린이에게 같은 몸짓으로 칭찬해 줍니다. 일과 시간 중에 이러한 활동을 계속할 수 있습니다. 구체적인 말은 하지 않고 이렇게 칭찬해 주는 것으로도 어린이들은 충분히 배우고 보상을 받습니다.

▶ ▶ **배려 일기장**

배려가 습관이 되기 위해서는 먼저 하루하루의 행동을 자세하게 기록하는 것이 중요합니다. 하루 일과를 적어 놓은 성품 일기장을 보고 나의 생활을 반성해 보고 나에게 배려해 준 부모님이나 친구들에게 고마움을 느낄 수 있습니다. 이러한 일기장이 바로 성품 일기장입니다.

일기장이란 어린이의 성품 계발을 위해 선정된 성품주제에 대해 가정과 학교에서 일어난 구체적인 사례들을 일기로 적어 보는 활동인 것입니다. 연령에 따라 부모님과 함께 그림을 그려 가며 진행하거나, 어린이 스스로 자신의 경험에 대한 느낌과 행동을 그림과 글로 완성함으로써 좋은 성품으로 계발될 수 있도록 돕습니다. 잘 계발된 좋은 성품이 올바른 행동과 태도로 나타나 어린이가 자신의 영역에서 성품리더로서 성공적인 삶을 살아갈 수 있을 것입니다.

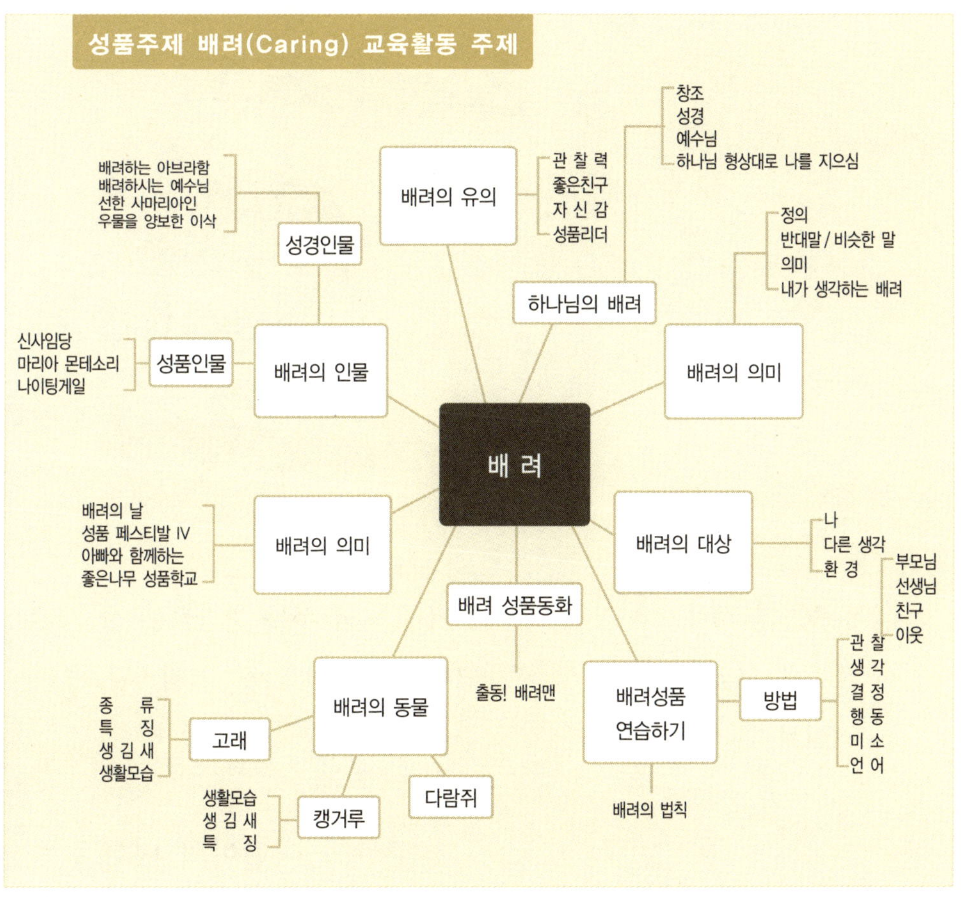
성품주제 배려(Caring) 교육활동 주제
배려
배려의 유의
관 찰 력
좋은친구
자 신 감
성품리더
창조
성경
예수님
하나님 형상대로 나를 지으심
하나님의 배려
정의
반대말 / 비슷한 말
의미
내가 생각하는 배려
배려의 의미
배려의 대상
나
다른 생각
환 경
부모님
선생님
친구
이웃
방법
관 찰
생 각
결 정
행 동
미 소
언 어
배려성품
연습하기
배려의 법칙
출동! 배려맨
배려 성품동화
배려의 동물
고래
종   류
특   징
생 김 새
생활모습
캥거루
생활모습
생 김 새
특   징
다람쥐
배려의 의미
배려의 날
성품 페스티발 IV
아빠와 함께하는
좋은나무 성품학교
배려의 인물
성품인물
신사임당
마리아 몬테소리
나이팅게일
성경인물
배려하는 아브라함
배려하시는 예수님
선한 사마리아인
우물을 양보한 이삭

성품교육으로 인한 변화들

필자가 성품교육을 해 오면서 가장 보람 있는 순간들은 성품으로 어린이들의 태도들이 변하는 모습들을 볼 때입니다. 그리고 그 자녀들로 말미암아 가정들이 변화될 때입니다.

● ● ● 어린이의 변화

몇 가지 필자를 행복하게 해 주었던 사례들을 나누고 싶습니다.

6살 난 여자아이 민지에 대한 이야기입니다.

엄마와 함께 치과에 간 '좋은나무 성품학교'의 어린이가 치료 의자에 올라 앉아 눈을 꼭 감고,

"인내-인내-인내-" 하더랍니다.

치과 선생님이 물었습니다.

"너 지금 뭐하는 거니?"

"저 지금 인내하는 중이에요."

"너 지금 인내가 뭔지나 알고 그래?"

"인내는 때가 될 때까지 불평하지 않고 참고 기다리는 거예요."라고 말하였답니다.

그리고는 아주 의젓하게 모든 치료를 다 마쳤다는군요.

민지의 어머니가 너무 놀라워하며 저희에게 알려주셨답니다.

또 제주지역 가맹학교에서 있었던 일입니다.

7살짜리 여자아이 소영이가 어린이집 운동장에서 놀다가 코뼈가 부러졌습니다.

부랴부랴 병원으로 아이를 옮긴 후 아이의 어머니는 선생님에게 원망의 눈초리를 보내며 어쩌다 아이를 이 지경으로

만들었는지를 한탄하며 그때 선생님은 뭐하고 있었냐고 원망하였답니다. 선생님은 고개도 들지 못하고 쥐구멍이라도 들어가고 싶은 심정으로 있었는데, 갑자기 소영이가 큰 소리로 말하더랍니다.

"엄마, 저 좀 보세요. 제가 다리뼈도 부러지지 않았고, 팔뼈도 부러지지 않았고 오직 코뼈만 부러졌습니다. 얼마나 감사한 일이에요? 이게 바로 긍정적인 태도예요." 하더랍니다.

그때가 5월, 6월 '좋은나무 성품학교'의 교육과정으로 긍정적 태도를 배우고 있었던 때입니다. 아이의 말을 들은 어머님은 너무나 존경스러운 눈으로 선생님을 바라보며 "어떻게 가르치셨기에 아이가 이렇게 되었나요?" 하더랍니다. 아이는 수술을 잘 마치고 다시 그 어린이집에 다니고 있답니다.

더 놀라운 것은 성품교육을 받은 아이들이 태도가 변화되는 것뿐만이 아니라 이 아이들로 말미암아 가정이 변화되는 일입니다. '경청'을 배운 후에 아이들은 집으로 돌아가 아빠가 어머니의 말에 경청하지 않는 것에 대해서 아빠에게 주의를 줌으로써 부모님들이 오히려 긴장하게 한다고 말합니다. '좋은나무 성품학교'에서 성품교육을 받은 아이들은 '경청'이라는 성품이 무엇인지에 대한 개념이 생기고 경험이 이루어진 후에는 학교뿐만 아니라 가정에서도 가족들이 경청하지 않는 모습을 보게 되면 즉시 이렇게 말합니다. "아빠! 엄마가 말씀하실 때에 경청해 주셔야지요. 그것이 엄마를 소중하게 여겨주는 거예요." 아빠는 그저 놀라서 아이들의 성장에 감탄하며 자신의 성품도 다듬어 간다고 합니다.

또 어느 가정에서는 5살 난 하영이가 엄마와 함께 길을 가다가 엄마 등에 업힌 동생이 울어대는 것을 보게 되었지요. 갈 길이 바쁜 엄마는 동생의 울음을 아랑곳하지 않고 빨리 가자고 재촉했습니다. 그때, 하영이는 가던 길을 멈추고 엄마 눈을 똑바로 보면서 "엄마, 동생의 말에 경청해야지요. 그래야 동생을 소중하게 여기는 것이잖아요."라고 하였답니다. 저는 이 말을 듣고 참 마음이 기뻤습니다.

엄마는 등에 업힌 아이의 울음소리를 그저 울음이라고 여겼는데 5살 된 하영이는 울음을 동생의 말로 이해했다는 사실입니다. 부모와 자녀간의 대화가 어려운 것은 유아 때부터 아이의 소리를 그들만의 말이라는 사실을 알지 못하는 데서 옵니다. 그런데 아이는 정확히 동생의 말이라고 인식하고 있었던 사실입니다.

성품교육은 이렇게 어려서부터 다른 사람의 마음을 공감할 수 있는 사람으로 성장시킵니다.

이런 사람은 다른 사람의 마음을 공감할 수 있는 인지능력을 소유하게 되고 배려하는 성품으로 자라납니다.

그 밖에도 너무나 많은 사례들이 그동안 전국적으로 실천해 왔던 '좋은나무 성품학교'에서 일어났습니다. 다음은 1년간 성품교육을 한 후 변화된 여러 가지 사례들을 교사와 부모님들이 본부로 보내주신 이야기들을 모아 보았습니다.

● ● ● 부모님들이 보여준 성품교육 사례

■ 그동안 성품교육을 받고 변화된 자녀의 모습을 보고 보내주신 부모님들의 글

아이들에게 별 일도 아니면서 자꾸만 화를 내게 되었다.

"엄마? 화나? 엄마 화나면 숨을 하나, 둘, 셋, 넷, 다섯 번 참고 숫자를 2까지 세고 그 다음 휴~를 다섯 번 하면 돼~"(5-2-5법칙)라고 말하는 것이다. 아마도 마음속으로 참아서 감정을 누그러지게 하는 방법의 '성품' 교육을 배웠던 모양인지 그것을 내게 전달하는 것이었다. 이제는 남편과 더불어 서로 긍정적인 행동과 태도 그리고 경청을 생활화하면서 성품교육은 우리 가족 모두에게 좋은 교육이 되고 있다.

– 평택. 꿈그린어린이집. 수민·다민이 엄마

상협이는 긍정적인 태도에 대해 유치원에서 배우기 시작하면서 아주 좋아졌어요.

유치원 끝나고 집에 오면 엄마에게 '긍정적인 태도란?' 하며 가르쳐 주고 긍정적인 태도 영어 노래라며 매일 'try again'을 외쳤답니다.

친구들과 놀고 싶다고 떼를 쓰다가도 유치원에서 배운 긍정적인 태도에 대해 이야기하며 상협이의 행동에 대해 지금 어떤 행동인지 물으면, '응, 그게 … 부정적인 태도야. 하지만…' 하다가도 긍정적인 태도로 바꿔 즐겁게 집으로 돌아갔답니다. 상협이 기특하죠?

– 분당. 원일유치원. 이상협 엄마

"아니, 길을 모르면 모른다고 할 것이지, 이렇게 사람을 힘들게 할게 뭐람?" 하며 한참을 투덜거리며 아이 손을 재촉하듯 잡아끄는 저에게, 4달간 성품교육을 받은 6살짜리 우리 아이는 큰 눈망울로 저를 올려다보며 '엄마! 우린 긍정적인 태도를 배웠잖아. 그러니까 우리 긍정적으로 생각하고 행동할 수 있지? 좀 힘들지만 우리 참자!'라고 말했습니다.

순간 저는 엄마인 제 자신이 너무 부끄러웠고, 이어서 계속된 생각은 유화유치원 원장 선생님, 담임선생님, 여러 선생님들, 또 우리나라 유치원계에 성품교육을 보급하고 계시는 이영숙 박사님까지 너무 감사했습니다. 이후로도 우리 아이의 성품교육의 결과는 저를 깜짝 깜짝 놀라게 하며, 계속해서 감동을 주고 있답니다.

"내가 오늘 선생님 말씀을 잘 경청했다! 그래서 이렇게 잘 아는 거야"

"엄마가 내 말을 경청해 줘서 고마워!"

"엄마! 나는 엄마가 책을 읽을 때 같이 놀아 달라고 하고 싶지만, 조금 참았다. 그건 내가 엄마를 배려해 주는 거지?"

이렇게 말하고 표현하는 아이를 보면 너무 사랑스럽고, 앞으로 배우게 될 성품들이 기대됩니다.

– 서울. 유화유치원. 김성흠 엄마

소현이는 아빠와 3살짜리 동생 현태와 함께 에버랜드에 다녀왔다. 공부를 해야 하는 엄마를 배려하기 위하여 아빠가 제안을 한 것이다. 에버랜드에 다녀온 소현이는 집에 와서 혼자서 머리를 감겠다고 했다. 평소 소현이는 엎드려 머리 감기를 싫어했다.

놀라 물었더니 "엄마, 오늘 공부 많이 했어요? 공부하느라고 힘든 엄마를 위해 내가 할 수 있는 일이 무엇인지 생각했더니 바로 이것이야." 하고 말했다. 순간 눈물이 핑 돌았고 엄마를 위해 '배려'하는 마음을 실천하려는 소현이가 얼마나 대견하고 고맙던지, '다 키웠구나!' 하는 생각마저 들었다.

– 수원. 밀알 English Campus. 김소현 엄마

며칠 전 금요일이었다. 이제 막 9개월에 접어든 둘째 녀석이 하루 종일 어찌나 날 힘들게 하던지 자꾸만 사소한 일에 짜증이 났다. 그날따라 일찍 퇴근한 남편이 양말을 아무렇게나 던지고 옷가지들을 마구 어질러 놓았다. 순간 화가 나서 "옷이 이게 뭐야? 좀 똑바로 놓고 양말도 세탁기에 넣을 수 없어?" 하면서 신경질을 부렸다. 그 순간 우리 재린이가 "엄마, 아빠에게 그렇게 말하면 어떡해? 양말하고 옷하고 좀 치워 줄래? 이렇게 긍정적으로 말해야지!" 난 순간 너무 뜨끔했고, 아빠는 입가에 미소가 가득했다.

– 수원. 영통 밀알유치원. 고재린 엄마

'배려'를 배우는 지금… 길을 걷던 병우가 이야기합니다.
"엄마, 저 이 캔 주워 갈래요."
"왜, 더럽게 주워 가려고 해, 엄마가 집에 가서 깨끗한 걸로 줄게" 했더니
"아니에요. 엄마, 이런 게 배려예요."라고 병우가 말했습니다.
저는 더 이상 할 말이 없었지요.
"아! 그렇구나……" 하는 순간 걸음을 걸을 수가 없었어요. 길가에 버려진 쓰레기를 주워 가느라고요. 배운 대로 실천하려는 예쁜 보석, 병우 정말 사랑스럽지요?

– 수원. 영통 밀알유치원. 민병우 엄마

도헌이에게는 동생 유나가 있습니다. 유나의 예기치 않은 사고로 도헌이는 부득이 할머니 댁으로 일주일간을 가게 되었습니다. 처음 부모의 곁을 떠나 지내야 하는 도헌이를 생각하니 마음이 아팠습니다. 그런데 도헌이가 속상해 하는 엄마를 위로해 주었습니다.

"엄마, 난 괜찮아! 아빠, 엄마와 떨어져 슬프긴 하지만 할머니, 할아버지가 계시니 얼마나 다행이야. 만약 할머니, 할아버지가 안 계셨더라면 나 혼자 집에 있어야 하는데 그렇지 않아서 참 다행이야. 엄마, 이게 긍정적인 태도예요." 하면서 미소를 짓는 도헌이를 보고 있으니 가슴이 정말 뭉클했습니다. 어떠한 상황에서도 긍정적 태도를 잃지 않는 아들이 엄마의 스승이었습니다.

– 수원, 새밀알유치원, 정도헌 엄마

"경청, 긍정적인 태도, 기쁨……." 연승이에게도 생소한 성품들이었지만, 엄마인 나에게도 생각지 못했던 성품들이었습니다. 덕분에 연승이 뿐만 아니라 우리 가정에도 소중한 경험들이 쌓여 갑니다. 아이를 키우는데 있어서 곤란한 경우 중에 하나가 갖고 싶은 물건을 사달라고 할 때일 것입니다. 마트에서 장난감을 사달라고 할 때, 불필요한 물건을 사는 것, 떼쓰는 것 등이 부정적인 태도라고 말하며 "밀알의 긍정적인 어린이는 어떻게 해야 하지요?"라고 물으면 "아니요. 그냥 갖고 싶다는 거예요. 사 주지는 마세요."라고 말한답니다. 적당한 비유인지는 모르겠지만, 성품교육이 선행되지 않았다면 엄마인 내가 이렇게 쉽게 아이와 커뮤니케이션이 될 수 있을까? 하고 생각하곤 합니다.

– 수원 지동, 밀알유치원, 강연승 엄마

••• 교사들이 보내준 성품교육 사례들

■ 다음은 그동안 성품을 가르치면서 갖게 된 교사들의 느낌을 모은 글입니다.

준우는 2004년 12월생 남자 아이이다. 또래와 잘 어울리지 못하던 준우는 그날도 엄마와 떨어질 때 심하게 울었다. "준우야, 엄마 학원 끝나면 오실 텐데 울면서 여기 있을까? 눈물 그치고 들어가 교구 다룰까? 선택은 준우가 하는 거야. 어떻게 선택할래?"라고 말하자 어린 준우가 눈물을 멈추고 생각을 하더니 교실로 들어가는 것이 아닌가?

이곳에는 0세부터 3세까지의 아이들이 대부분이라 성품교육은 정의, 지혜의 말씀, CD를 통한 노래로 이루어져 있다. '긍정적인 태도'에 관하여 가르치면서 선택은 내가 하는 것임을 자주 이야기하였는데 바로 그 성품교육의 결과가 나타난 것이다.

내게는 잊지 못할 사건이 된 것 같다.

– 서울. 예뜰어린이집 원장. 류광성

'긍정적인 태도' 수업을 하고 있을 때였습니다.

화평반(만3세 어린이교실)에서 동혁이와 재원이가 레고 블록놀이를 하고 있었습니다. 아이들은 서로 하겠다고 다투기 시작했습니다.

"내거야! 내가 먼저 맡았어.""아니야! 내가 먼저 맡았어."

그때 옆에 있던 용민이가 동혁이와 재원이의 손을 잡고 말했습니다.

"잠깐 멈춰! 그리고 생각해! 어떤 것이 더 좋은 것인지 선택해! 그렇게 싸우지 말고."

동혁이와 재원이는 싸우는 것을 멈췄습니다. 전 그 모습을 보면서 깜짝 놀랐습니다. 다섯 살 밖에 안 된 우리 친구들 입에서 그런 말이 나온다는 것이 놀라웠고 또 그 이야기를 듣고 싸움을 멈춘 다른 친구들도 너무 놀라웠습니다. 저는 개인적으로 이 땅의 많은 어린이들이 지식 교육에 앞서 성품교육이 되어지기를 소망합니다.

– 용인. 원일어린이집 원감. 김화정

성품, 나 자신조차도 준비되지 않은, 그리고 어색한 단어들.

눈에 보이지 않는 것들을 주제로 활동을 어떻게 이어 나갈지 막막하기도 궁금하기도 했다.

경청부터 시작된 성품교육이 2학기의 배려로 이어지면서 '아, 성품은 이런 거구나.'라고 실감하기 시작했다. 나에 대한 배려는 물론 가족에게도 배려를 할 수 있을 정도로 우리 아이들은 많이 자라 있었다.

'배려란 차 안에서 자는 동생을 위해 내가 동생을 잡아 주는 거예요.'

'버스 기다리는 줄에서 할머니가 오시면 내 자리를 양보해 드리는 거예요.'

등등

이제 더 이상 나와 우리 아이들에게 성품은 어렵고 어색한 단어가 아니다.

– 인천. 이화유치원 교사

경청에 이은 긍정적 태도, 교사 연수를 받으며 '할 수 있어요.'라는 가사를 통해 마음속에 감동이 밀려 왔다. 7년간의 교사 생활을 통해 수없이 '할 수 없다.'라고 아이들을, 부모님들을, 내 자신을 부정적으로 낙인찍은 일들이 어찌나 많았던지…… . 반성과 함께 감사로 눈물이 흘렀다. 그리고 세밀한 하나님의 음성이 다가왔다. '너는 할 수 있어.'라는 위로의 말씀이었다. 우리 아이들과 부모님들도 함께 이 노래를 통하여 위로를 받을 수 있기를 기도했다. '기쁨'을 통해 불평하지 않는 진정한 참 기쁨을 맛보았고, 이제 '배려'를 통해 새롭게 변할 나와 아이들, 부모님을 기대하며 2학기를 신명나게 시작하고 있다. 이 땅의 어머니로서 그리고 교사로서 마땅히 가르쳐야 할 것을 가르칠 수 있도록 배려해 주신 하나님 감사해요!

– 평택. 꿈그린어린이집 교사. 한화정

처음 성품으로 교육을 한다는 것이 너무 애매하여 어려운 마음이 먼저 들었는데, 점점 교육을 받고 아이들과 수업을 하며 하나님께서 주신 성품이 얼마나 소중하고 귀한지 느낄 수 있었습니다.

지금은 이런 성품교육을 통해 내 성품 또한 다듬어지고 하나님의 자녀로 선택되어진 것이 얼마나 감사한지…….

성품교육을 통해서 달라진 내 모습이 있다면 아이들에게 잘못을 지적함에 있어 유아의 입장을 더욱 고려해서 말하고, 조금 더 유아의 말에 경청하며 밝은 모습으로 대해 준다는 것입니다. 성품을 교육하다 보니 계속적으로 내 모습을 돌아보게 되는 나를 발견하게 됩니다.

- 수원 지동. 밀알유치원 교사. 주선미

■ 부모님들이 쓴 성품일기 모음

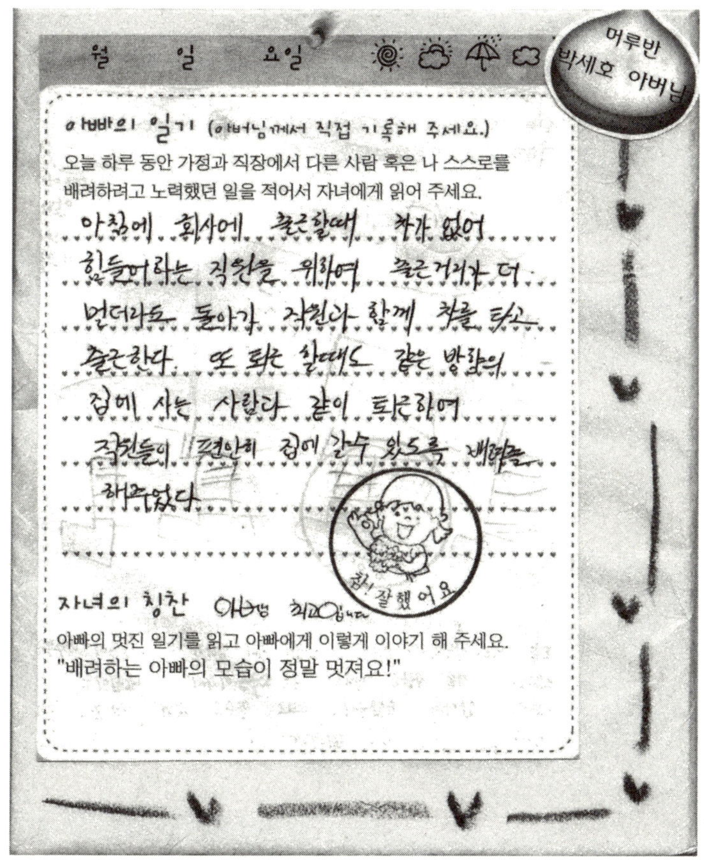

〈아빠의 일기〉

아침에 회사에 출근할 때 차가 없어 힘들어 하는 직원을 위하여 출근거리가 더 멀더라
도 돌아가 직원과 함께 차를 타고 출근한다. 또 퇴근할 때도 같은 방향의 집에 사는
사람과 같이 퇴근하여 직원들이 편안히 집에 갈 수 있도록 배려를 해 주었다.

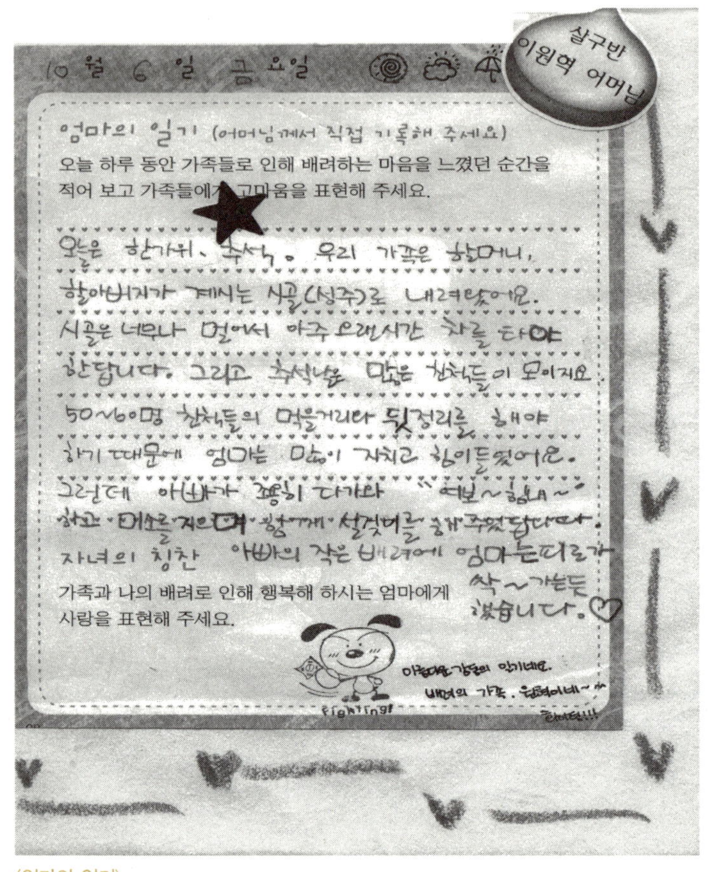

〈엄마의 일기〉

오늘은 한가위, 추석. 우리 가족은 할머니, 할아버지가 계시는 시골(성주)로 내려왔어요. 시골은 너무나 멀어서 아주 오랜 시간 차를 타야 한답니다. 그리고 추석날은 많은 친척들이 모이지요. 50~60명 친척들의 먹을거리와 뒷정리를 해야 하기 때문에 엄마는 많이 지치고 힘이 들었어요. 그런데 아빠가 조용히 다가와 "여보~ 힘내~" 하고 미소를 지으며 함께 설거지를 해 주었답니다. 아빠의 작은 배려에 엄마는 피로가 싹~ 가는 듯 했습니다.

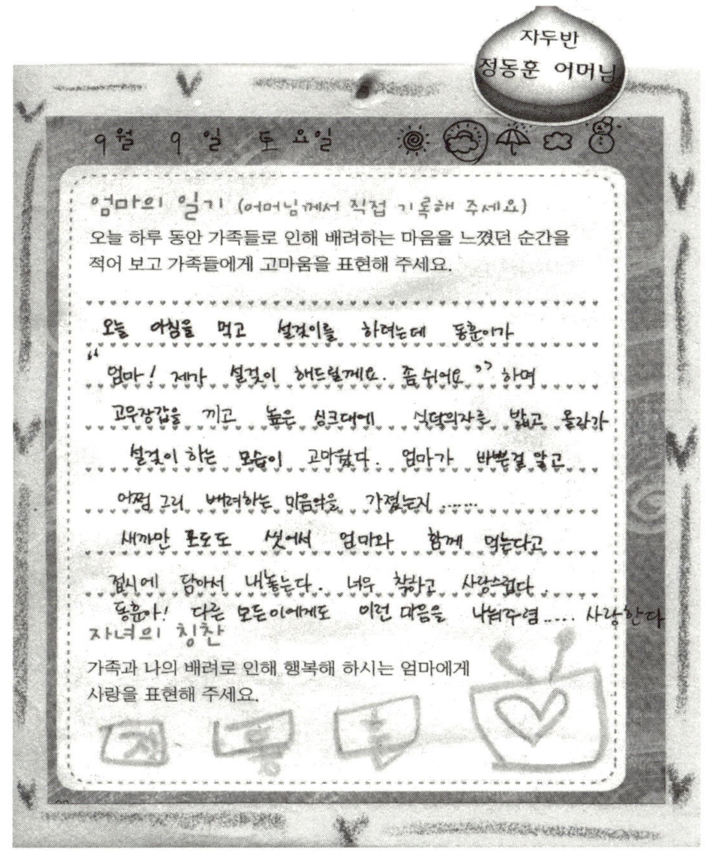

<엄마의 일기>

오늘 아침을 먹고 설거지를 하려는데 동훈이가 "엄마! 제가 설거지해 드릴게요. 좀 쉬어요." 하며 고무장갑을 끼고 높은 싱크대에 식탁의자를 밟고 올라가 설거지하는 모습이 고마웠다. 엄마가 바쁜 걸 알고 어쩜 그리 배려하는 마음을 가졌는지…… 새까만 포도도 씻어서 엄마와 함께 먹는다고 접시에 담아서 내놓는다. 너무 착하고 사랑스럽다. 동훈아! 다른 모든 이에게도 이런 마음을 나눠 주렴…… 사랑한다.

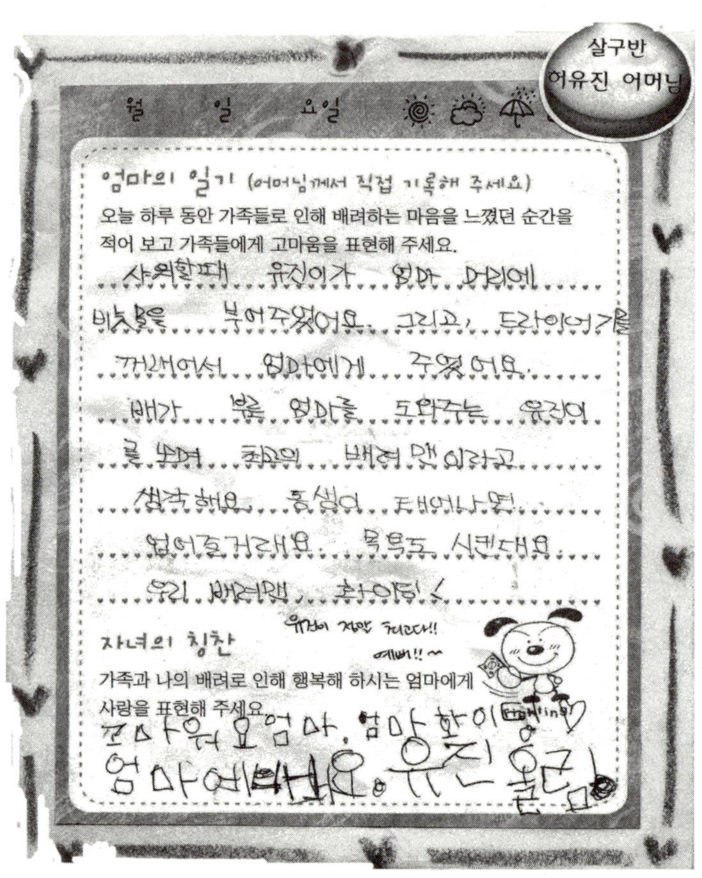

〈엄마의 일기〉

샤워할 때 유진이가 엄마 머리에 비눗물을 부어 주었어요. 그리고 드라이어기를 꺼
내어서 엄마에게 주었어요. 배가 부른 엄마를 도와주는 유진이를 보며 최고의 배려
맨이라고 생각해요. 동생이 태어나면 업어줄 거래요. 목욕도 시킨대요. 우리 배려맨,
화이팅!